工程机械运用与维护专业工学结合系列教材编写委员会

国家示范性高职院校建设项目成果
工程机械运用与维护专业工学结合系列教材

主　编◎赵文玶　　孙　燕

副主编◎陈　岑　杨仙云

主　审◎张爱山

工程机械文化（修订版）

GONGCHENG JIXIE WENHUA（XIUDINGBAN）

云南出版集团

云南人民出版社

图书在版编目（CIP）数据

工程机械文化/赵文珅，孙燕主编. —— 2版（修订本）.
—— 昆明：云南人民出版社，2018.8（2022.8重印）
工程机械运用与维护专业工学结合系列教材
ISBN 978-7-222-17359-0

Ⅰ.①工… Ⅱ.①赵…②孙… Ⅲ.①工程机械 – 高
等职业教育–教材 Ⅳ.①TU6

中国版本图书馆CIP数据核字（2018）第165184号

出 品 人：赵石定
组稿统筹：冯 琰
责任编辑：武 坤
责任校对：王曦云
装帧设计：杜佳颖
责任印制：代隆参

工程机械文化（修订版）

主 编 赵文珅 孙 燕
副主编 陈 岑 杨仙云
主 审 张爱山

出 版	云南出版集团 云南人民出版社
发 行	云南人民出版社
社 址	昆明市环城西路609号
邮 编	650034
网 址	www.ynpph.com.cn
E-mail	ynrms@sina.com
开 本	787mm×1092mm 1/16
印 张	12.75
字 数	290千
版 次	2010年9月第1版
	2022年8月第2版第2次印刷
排 版	云南瀚景文化传播有限公司
印 刷	昆明理煋印务有限公司
书 号	ISBN 978-7-222-17359-0
定 价	39.00元

云南人民出版社公众微信号

如需购买图书、反馈意见，请与我社联系
总编室：0871-64109126 发行部：0871-64108507 审校部：0871-64164626 印制部：0871-64191534

前　言

　　本书根据高职高专特色教材编写要求和工程机械文化课程教材编写大纲编写。

　　2015年5月，国务院颁布《中国制造2025》，提出"三步走"实现制造强国战略目标。第一步：力争用十年时间，迈入制造强国行列。第二步：到2035年，我国制造业整体达到世界制造强国阵营中等水平。第三步：新中国成立一百年时，制造业大国地位更加巩固，综合实力进入世界制造强国前列。其中也提出"培育有中国特色的制造文化"，中国制造为国家工程机械品牌建设提供了强有力的支撑。

　　我国工程机械经历了由小到大、由弱到强的发展历程，在发展战略、体制机制、技术工艺和企业文化等各个方面都进行了大胆创新和实践，形成了自己独有的优势特点和文化内涵。这种特有的企业文化是企业活力的内在源泉，既实现了企业自身的快速发展，也促进了整个工程机械行业的持续发展。

　　2018年全球工程机械制造商50强排行榜，中国有9家品牌上榜，有2家企业进入前十榜单，可见中国的工程机械正在不断向世界最高水平靠拢，这是在"一带一路"等多重因素的综合作用下，中国工程机械企业取得的重大突破。新时代我们要实现由工程机械大国向工程机械强国的转变，中国工程机械行业秉承"诚为业之基，信为商之魂"的价值观，在务实中求发展、在创新中铸辉煌，将中国制造业宏伟的蓝图变成现实！

　　在中国工程机械行业崛起的新时代背景下，本书选择了现代公路施工中使用广泛的工程机械品牌，以科技含量高、知识延展性好的国内外典型品牌为例，系统阐述了工程机械的主要分类、用途和适用范围，并详细介绍了世界著名的工程机械品牌与文化内涵，特别重点介绍了我国工程机械制造品牌与文化，从而激发学生的学习兴趣，使他们对工程机械有一个总体性的了解，为下一步开展专业课程教学打下坚实基础。

本书内容新颖、简明扼要，注重系统性、实用性，可作为高等院校工程机械相关专业的教材，也可作为培训教材及相关从业技术人员的参考书。

本书由云南交通职业技术学院赵文坤教授、孙燕副教授担任主编，陈岑老师、杨仙云讲师担任副主编，张爱山教授担任主审。全书共分5个项目，其中项目3由赵文坤教授编写，项目4、5由孙燕副教授、陈岑老师编写，项目1、2由杨仙云讲师编写。

本书涉及面较广，而编者水平有限，不妥之处，欢迎读者批评指正。

编　者

2022年8月

目　　录

项目1　走进工程机械

📖知识目标

1. 认识工程机械的概念和分类；
2. 认识工程机械的使用范围及作用；
3. 了解工程机械在国民经济中的地位；
4. 了解工程机械的型号编制规则。

📖能力目标

1. 能够利用互联网查找工程机械相关信息；
2. 能够根据工程机械的用途进行归类。

任务1.1　什么是工程机械?

1.1.1　机械工程

机械工程是一门利用物理定律对机械系统进行分析、设计、生产及维修的工程学科；是以有关的自然科学和技术科学为理论基础，结合生产实践中的技术经验，研究和解决在开发、设计、制造、安装、运用和修理各种机械中的全部理论和实际问题的应用学科。该学科要求学员对应用力学、热学、物质与能量守恒等基础科学原理有巩固的认识，并利用这些知识去分析静态和动态物质系统，创造、设计实用的装置、设备、器材、器件、工具等。机械工程学的知识可应用于汽车、飞机、空调、建筑、桥梁、工业仪器及机器等各个方面。

机械工程所处理的是把能量及物料转化成可使用的物品。从宏观的角度来看，我们生活中所接触的每一件物件，其制造过程均可以说与机械工程有关。机械工程是众多工程学科中范围最广的学科。从业人员须拥有创造性的智力，对不同物品的需求和特点要有充分认识；此外，更须具有力求追上最新科技发展的意向。有资格的机械工程人员可从事不同行业的工作，包括制造、屋宇设备工程、发电站、交通、环境保护、公共服务及学术研究等。

机械是现代社会进行生产和服务的五大要素（人、资金、能源、材料和机械）之一，并参与能源和材料的生产。

1.1.2　工程机械

我国工程机械又名工程建设机械，在国内已经发展成为机械工业十大行业中之第四位；在世界上我国也步入了工程建设机械生产大国行列，居第七位。

何谓工程机械呢？中国工程机械工业协会关于工程机械的定义如下：凡土石方工程、流动起重装卸工程、人货升降输送工程、市政环卫及各种建设工程、综合机械化施工以及同上述工程相关的生产过程机械化所应用的机械设备，称为工程机械。

国际上，各国对工程机械的称谓不尽相同，其中美国和英国称之为建筑机械与设备（Camstruction Machinery and Equipment），德国称为建筑机械与装置（Baumaschinen und Ausrüstungen），独联体各国与东欧诸国称为建筑与筑路机械，日本称为建设机械。以上各国对工程机械划定的产品范围大致相同。我国工程机械与其他各国相比较，还增加了线路工程机械、叉车与工业搬运车辆、装修机械、凿岩机械、风动工具、电梯及军用工程机械等。

任务1.2　工程机械有什么用途？

1.2.1　工程机械的使用范围

工程机械是机械工业的重要组成部分。它与交通运输建设（公路、铁路、港口、机场、管道输送等）、能源工业建设和生产（煤炭、石油、火电、水电、风电、核电等）、原材料工业建设和生产（黑色矿山、有色矿山、建材矿山、化工原料矿山等）、农林水利建设（农田土壤改良、农村筑路、农田水利、农村建设和改造、林区筑路和维护、储木场建设、育材、采伐、树根和树枝收集、江河堤坝建设和维护、湖河管理、河道清淤、防洪堵漏等）、工业民用建筑（各种工业建筑、民用建筑、城市建设和改造、环境保护工程等）以及国防工程建设诸领域的发展息息相关，与这些领域实现现代化建设的关系更加密切。换句话说，以上诸领域均是工程机械的最主要市场。

1.2.2　工程机械的作用

下面通过部分工程机械的施工案例介绍其作用。

1. 混凝土泵车的应用

过去，工人在高层建筑工地上进行水泥混凝土灌浆、浇注作业时是用塔吊和吊桶将混凝土一桶一桶从地面吊到几十层高的楼面上或几十米深的基础坑中。……今天，多台混凝土泵车和数台混凝土搅拌运输车配合工作就可完成［如图1-1（a）、（b）所示］。

（a）多台混凝土泵车在高层建筑工地的应用 　　（b）多台混凝土泵车在地基施工中的应用

图1-1　多台混凝土泵车的应用

但是混凝土泵车操作时因控制台距泵送作业面有几十米甚至上百米，需数人配合才能完成。长期以来，这种传统操作方式因人员多、效率低，限制了混凝土泵车的性能发挥。对于长距离、大排量的大型泵车，矛盾更为突出。

现在采用无线电遥控系统就可以解决这个问题。泵车司机在工作地点驾车定位后，即可用便携式无线电控制装置依次操作泵车的各个动作——液压支架的升、降，泵车的水平校正，布料杆的左右回转，多级杆的变幅升降等。混凝土经混凝土泵，沿着多节可折叠的料杆被输送到软管喷口。泵车司机可远离泵车控制台，直接站在软管喷口旁边观察混凝土泵送情况，控制布料杆的动作和混凝土泵的运作。随着无线电遥控装置在混凝土泵车的广泛运用，泵车也在向超高度、大排量方向发展。如今世界上最大的无线电遥控混凝土泵车，布料杆长度超过80 m，垂直泵送距离超过100 m，排量可达200 m³/h，国内的生产厂家有中联重科、三一重工、徐州混凝土机械厂等。

2. 凿岩机的应用

在建筑、采矿及公路隧道施工中，凿岩机通常都是在极恶劣的环境条件下工作。灰尘、潮湿、坠物等都可能伤害操作人员。为了减少事故、改善工作条件，目前无线电遥控技术投入使用（见图1-2）。在使用遥控系统操作这些液压机械凿石、钻孔时，操作员可自由选择安全地点，再不用像以前在机械操作台上担惊受怕了。对于隧道里能见度较低的场合，可选用配有反馈装置的无线电遥控系统控制液压机械。即使在能见度较低、环境恶劣的地方，也可以方便控制重型凿岩机进行钻孔作业。操作员可以选择安全地点对位钻

图1-2 遥控凿岩机的应用

孔，而不必待在钻孔机的操作台上。无线电遥控装置配有数据反馈装置，通过20 mA电流环或V24通信协议将钻孔机的工作状态信息传递给发射机。在钻孔机钻孔作业中，孔的坐标在操作员发射机的液晶显示屏上显示，操作员根据显示的坐标信息来控制钻机的空间位移。在位移过程中，反馈系统将钻机的位移坐标在液晶显示屏上"实时"显示。此外，无线电控制装置的显示屏上会全文显示凿岩机的故障信息。无线电控制装置采用IP65保护标准，完全适应在潮湿和含盐的环境中使用。

3. 挖掘机的应用

2008年11月在国家大型项目向家坝水电站施工现场，数台三一SY850型加长臂挖掘机（见图1-3）长臂挥舞，在众多参与施工的工程机械设备中尤为醒目。这几台挖掘机运行

图1-3 向家坝水电站施工现场加长臂挖掘机的应用

稳定，表现出色，圆满完成了大江截流、土方转移等重要工程项目施工，得到客户和建设方的一致赞誉。向家坝水电站工程建设由葛洲坝集团承建，是国家重点项目。建成后的向家坝水电站是当时国内第三大水电站。

4. 铲运机的应用

铲运机在大型土石方施工中应用广泛，其中新疆吐鲁番机场土方施工现场就应用了卡特铲运机进行挖、装、运、铺卸（见图1-4）。在此次施工过程中，铲运机发挥了独特的功效，极大地减少了现场施工机械的交叉和平行作业时间，双机联合运行，每次挖、装、运、铺卸只需4 min左右，运距在500 m左右，铺卸厚度在100~200 mm，最佳经济厚度在150 mm。两台铲运机联合作业每天可完成6000 m³左右。铲运机作业作为降低施工成本的一种合理的施工作业形式再一次得到认可。

图1-4　吐鲁番机场土方施工中铲运机的应用

以上施工案例充分证明了工程机械是技术的载体，人类每一项成熟技术的开发与应用都会在工程机械上体现得淋漓尽致。内燃机、电动机的诞生，使工程机械有了更适宜的动力装置；液压与气动技术的成熟与发展，使工程机械有了更合适的传动装置。进入20世纪70年代，随着电子技术尤其是计算机技术的迅猛发展，工程机械的控制技术得到长足的发展，使工程机械整体技术水平迈上了一个新的台阶。

工程机械是完成各项公路工程任务的主要生产工具，是加速施工进度和确保工程质量的重要手段，是实现施工机械化的物质基础。现代化施工建设是当今公路工程建设的发展主流，而机械化施工是公路施工建设，特别是高等级公路施工建设的重要措施与手段，是公路建设发展的必然趋势。其主要特点是工程量大、工程质量要求高、施工技术工艺复杂、建设周期短、施工难度日趋加大。在实行招投标制的今天，企业更加注重施工的质量与经济效益。没有高水平的机械化施工，就很难保证高的施工质量，甚至无法完成施工难度大、工艺复杂的工程，更谈不上工程进度和经济效益。所以工程机械在公路工程建设中起着重要的、不可替代的作用。

任务1.3 工程机械是如何分类的？

我国工程机械在其发展历程中的分类一度比较混乱，曾经划分为十二大类、十六大类和十八大类等。我国工程机械行业第一个协会标准——《工程机械定义及类组划分》（GXB / TY0001—2011）由中国工程机械工业协会制定，于2011年6月1日正式发布、实施。该标准界定了我国工程机械的定义及所属的二十大类产品的组、型和产品名称，适用于中国工程机械工业协会会员范围内的工程机械的生产、管理、科研、教学、使用和维修。

该标准将工程机械划分为二十大类。每个大类又分成若干组，每组又根据产品的名称分成若干品种。随着科学技术的发展和新产品的开发，特别是机电液一体化技术的发展，生产中必然还会出现更多类型和品种的工程机械。

表1-1为中国工程机械现有产品类别。

表1-1 中国工程机械现有产品类别

类　别	产品系列
挖掘机械	单斗挖掘机、斗轮挖掘机、斗轮挖沟机、掘进机
铲土运输机械	推土机、装载机、铲运机、平地机、运输车、翻斗车
工程起重机械	汽车起重机、轮胎起重机、履带起重机、塔式起重机、架桥机、施工升降机、卷扬机、高空作业机、升降平台、其他
工业车辆	内燃叉车、电动叉车、堆垛机
电梯及扶梯	客梯、货梯、医用梯、扶梯、人行走道
凿岩机械	凿岩台车、风动凿岩机、电动凿岩机、内燃凿岩机和潜孔凿岩机等
气动工具	气动雕刻笔、直柄式气钻、枪柄式气钻、侧柄式气钻、组合用气钻、气动开颅钻等
压实机械	轮胎压路机、光面轮压路机、单足式压路机、振动压路机、夯实机、捣固机等
掘进机械	土压平衡式盾构机、泥水平衡式盾构机、泥浆式盾构机、泥水式盾构机等
桩工机械	柴油锤、液压锤、振动锤、钻孔机、静压桩机等

续 表

类 别	产品系列
路面施工与养护机械	洒布机、摊铺机、沥青搅拌机、拌和机、加热设备、其他
混凝土机械	混凝土搅拌机、混凝土搅拌站、混凝土搅拌楼、混凝土输送泵、混凝土搅拌输送车、混凝土喷射机、混凝土振动器等
混凝土制品机械	移动式液压脱模混凝土砌块成型机、泡沫混凝土砌块成型机、外振式单块混凝土空心板挤压成型机、固定式模振人工脱模混凝土砌块成型机等
钢筋及预应力机械	切断机、调直机、弯曲机、拉伸机、其他
装修机械	灰浆泵、喷涂机、抹（磨）光机、电动工具、其他
环保市政建设机械	管道机械、吸污车、粪便车、清扫车、垃圾车、洒水车、剪草车、喷药车、其他
高空作业机械	伸缩臂式高空作业车、折叠臂式高空作业车、高空摄影车、其他高空作业机械
军用工程机械	道路机械、特种机械、野战工程车
工程机械配套件	柴油发动机、汽油发动机、动力换挡变速器、制动器等工程机械配件以及其他属具和其他配套件
其他专用工程机械	水利专用工程机械、矿山用工程机械、非开挖线路机械和其他工程机械

任务1.4　了解工程机械行业在国民经济中的地位

　　工程机械行业属于国家重点鼓励发展的领域之一。工程机械行业是我国装备制造业一个最重要的子行业。而装备制造业是为国民经济各行业提供技术装备的战略性产业，产业关联度高、吸纳就业能力强、技术资金密集，是各行业产业升级、技术进步的重要保障和国家综合实力的集中体现。2009年国务院出台的《装备制造业调整和振兴规划》，要求全面提高重大装备技术水平，满足国家重大工程建设和重点产业调整振兴需要。该规划与2006年的《国务院关于加快振兴装备制造业的若干意见》相比较，"基础产业"的装备制造业已上升为"战略产业"。装备制造业已成为拉动国民经济快速增长的主要动力。

　　自"十一五"以来，我国工程机械行业工业总产值、营业收入及工业增加值均呈快速上升趋势，行业规模跃居世界首位，成为我国国民经济发展的重要支柱产业之一。图1-5为2006～2015年工程机械行业营业收入，由图可知，营业收入2006年为1620亿元，2011年上升到5465亿元，主营业务收入增长了2.37倍，2012～2015年行业增长放缓。

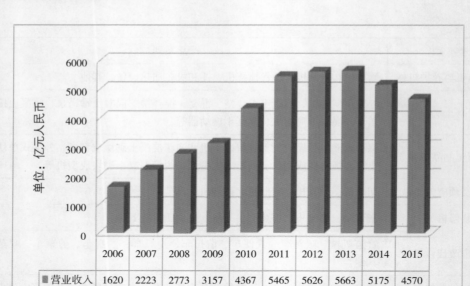

图1-5　2006~2015年工程机械行业营业收入

	2006	2007	2008	2009	2010	2011	2012	2013	2014	2015
■营业收入	1620	2223	2773	3157	4367	5465	5626	5663	5175	4570

以下从对国民经济贡献、产业战略规划、相关行业影响、工业化水平角度来分析工程机械行业在国民经济中的地位和作用，见表1-2。

表1-2　工程机械行业对国民经济的作用和贡献

角　度	作用和贡献
对国民经济的贡献	作为装备制造业最重要子行业的工程机械行业，在国民经济中有着战略性地位，其对国民经济的作用和贡献越来越大。 据统计，目前工程机械行业累计全部从业人员有40多万，考虑到实际生产中的情况，相关的从业人员实际数量大于统计数量。
产业战略规划	为使我国的装备制造业顺应时代的需求，提出"十三五"期间工程机械行业的发展战略为：要把握全面建成小康社会的目标要求和内容，坚持创新、协调、绿色、开放、共享的发展理念，全力推进工程机械中国制造向中国创造转变、中国速度向中国质量转变、中国产品向中国品牌转变，促进工程机械行业的可持续发展；加快实施工程机械行业走出去战略，使工程机械主要产品达到国际先进水平，为发展成为制造强国打下基础。
相关行业影响	我国经济发展水平的提高导致消费结构升级，从而带动了相关产业结构升级。工程机械行业是为国民经济发展和国防建设提供技术装备的基础性产业，其品种、数量和质量直接影响国家生产建设的发展。
工业化水平提高	近两年我国工业化进程中呈现出重化工业发展的趋势，但大量的投资趋向于产业链中靠近能源原材料的初端，出现了钢铁、氧化铝、水泥等行业投资过热的情况，由于大量地消耗能源，造成环境污染，致使大家对我国工业选择什么样的道路进行了很多讨论。其实，真正体现一个国家的实力，在产业链上带动性强的是装备制造业。

任务1.5 学习我国工程机械的型号编制

我国工程机械从创业、行业形成到全面发展经历了60多年时间。特别是在创业和行业形成阶段，国产工程机械不论是在产量上还是质量上，都处于一个比较低的水平。工程机械的型号编制更是五花八门，有的是根据机械用途命名，如T60推土机（T表示推土）；有的根据机械某一部分的结构特点命名，如Z435装载机（Z表示整体车架）；有的机械名称用制造厂厂名代替，如东方红拖拉机；还有的产品用当时的热门词语作为名称，如红旗100推土机、跃进130汽车、燎原型架桥机、胜利型架桥机、长征型架桥机及黄河汽车等。

1975年，我国由工程机械标准化技术委员会提出并归口管理、由国家机械工业局发布，首次颁布了国家机械行业标准《工程机械产品型号编制办法》（JB 1603—75）；1989年，又修订为《工程机械产品型号编制办法》（ZBJ 85019—89）国家机械行业标准；1999年，中国工程机械标准化技术委员会再次授权由天津工程机械研究所和龙岩工程机械厂起草修订为《工程机械产品型号编制办法》（JB/T 9725—1999）国家机械行业标准。

国家机械行业标准《工程机械产品型号编制办法》（JB/T 9725—1999）适用于挖掘机械、铲土运输机械、路面机械、工程起重机械、压实机械、桩工机械、混凝土机械、钢筋和预应力机械及装修机械。

《工程机械产品型号编制办法》（JB/T 9725—1999）规定的编制产品型号的基本原则是：产品型号按类、组、型分类原则编制，以简明易懂、同类间无重复型号为基本原则。

本标准规定的产品型号由工程机械产品的组、型、特性代号与主参数代号构成，如需增添变型、更新代号时，其变型、更新代号置于产品型号的尾部（图1-6）。

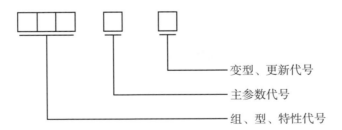

图1-6 工程机械产品组、型、特性代号的构成

组、型、特性代号均用印刷体大写正体汉语拼音字母表示。该字母应是组、型与特性名称中有代表性的汉语拼音字头表示（如与其他型号有重复时，也可用其他字母表示）。组、型、特性代号的字母总数原则上不超过3个，最多不超过4个。如其中有阿拉伯数字，则阿拉伯数字位于产品型号的前面。

主参数代号用阿拉伯数字表示，每一个型号尽可能采用一个主参数代号。

变型、更新代号：当产品结构、性能有重大改进和提高，需重新设计、试制和鉴定时，其变型、更新代号采用汉语拼音字母A，B，C，…，置于原产品型号尾部。示例如下：

WY25型挖掘机，表示整机质量级为25 t级的履带式液压挖掘机。

WUD400/700型挖掘机，表示生产率为400～700 m³/h的电动斗轮式挖掘机。

T100型推土机，表示功率为73.5 kW的履带式机械推土机。

ZL30A型装载机，表示额定载质量为3 t、第一次变型的轮胎式液力机械装载机。

PQ120型平地机，表示功率为88.2 kW的全液压式平地机。

CLS7型铲运机，表示铲斗容量为7 m³的轮胎双发动机铲运机。

LTL7500型摊铺机，表示最大摊铺宽度为7500 mm的轮胎式沥青混凝土摊铺机。

CZ2500型除雪机，表示作业面宽度为2500 mm的转子式除雪机。

QLY16型起重机，表示最大额定总起质量为16 t的液压式轮胎起重机。

QTG80型起重机，表示额定起重力矩为800 kN·m的固定式塔式起重机。

3Y12/15型压路机，表示最小工作质量为12 t、最大工作质量为15 t的三钢轮静力式光轮压路机。

CZ20型沉拔桩锤，表示额定功率为20 kW的机械振动沉拔桩锤。

JZM350型搅拌机，表示出料容量为350 L的摩擦锥形反转出料混凝土搅拌机。

GTY4/8型钢筋调直切断机，表示调直切断钢筋直径为4～8 mm的液压定长钢筋调直切断机。

UBJ3型灰浆泵，表示生产率为3 m³/h的挤压式灰浆泵。

思考题

1. 简述机械工程的概念。
2. 工程机械的定义是什么？
3. 工程机械的最新分类情况是怎样的？
4. 国产工程机械的型号编制规则是什么？
5. 工程机械行业在国民经济中的地位如何？

项目2　了解工程机械的发展史

1. 了解我国机械工程的发展历程；
2. 了解国内外工程机械的发展趋势；
3. 熟悉我国工程机械生产格局和现状。

1. 能够讲述工程机械主要机种的起源与发展；
2. 能够利用网络查找工程机械典型产品技术的相关信息。

任务2.1　了解我国机械工程的起源与发展

我国的机械工程技术历史悠久，成就辉煌，不仅对我国的物质文明和社会经济的发展起到了重要的促进作用，而且对世界技术的进步做出了重大贡献。我国机械史可分为四个时期：简单工具时期、古代机械时期、近代机械时期和现代机械时期。每个时期又可分为不同的发展阶段。

2.1.1　简单工具时期

这一时期的时间大体相当于我国历史上的原始社会，即石器时代。还可将其进一步分为两个阶段：粗制工具阶段和精制工具阶段。

（1）粗制工具阶段：相当于旧石器时代。这一阶段的工具主要用捡拾到的石块、木棒、蚌壳和兽骨制作，经过敲砸、粗略修整、磨制和钻孔等，使工具的结构较为合理，使用较为方便。

（2）精制工具阶段：大体相当于新石器时代。这一阶段人们已能利用开采的石料制作各种工具。工具种类有原始刀、斧、犁、锄、锹、凿、锯、钻、锉、矛、网坠、纺轮和滚子等几十种，能够用来从事农业、狩猎、渔业、建筑和纺织等方面的生产劳动。这一阶段后期出现了原始织机和制陶器转轮，后者已具有车削加工机构的雏形。

2.1.2　古代机械时期

这一时期大约从4000多年前直到19世纪40年代，相当于我国历史上的奴隶社会和封建社会两个时期。在此期间，我国古代机械经历了一个迅速发展—成熟—缓慢前进的过程。

（1）迅速发展阶段：古车的出现和广泛应用可看作是这一时期开始的标志。接着一批古代机械相继出现。当时，机械加工方法和工具日渐完善，木材、铜和铁相继得到广泛应用。

（2）成熟阶段：大约到秦汉时期，我国古代机械的发展已趋于成熟。金属材料的冶炼、铸造和锻造水平都已很高，铁的应用更加广泛。当时社会不但更充分地利用畜力，而且开始广泛利用水力和风力等来进行农业及其他多种生产。在当时的一些机械上已经出现了复杂的齿轮传动和自动控制系统，还出现了三脚犁、用于灌溉的连续提水翻车、用于清洗粮食的风扇、手摇纺车等。独轮车的出现增大了车辆的适应性。在造船方面，槽、舵和帆等部件逐渐完善，并已能制造高大楼船和战船。指南车、记里鼓车以及一些精密天文和计时仪器等杰出科技成果也在此阶段出现；而且当时的冷、热加工技术已相当精湛。东汉出现的水排，由水轮、带传动、杆传动和鼓风器等组成，具备了先进机器所必须具有的原动机、传动机构和工作机（或工具机）3个组成部分。这些发明连同其他机械创造发明，使这个时期成为我国机械发明的一个高潮，我国古代机械发展到了世界领先的地位，这是我国机械史上一个成果辉煌和地位重要的阶段。

（3）缓慢前进阶段：至明代，由于封建集权进一步加强，在限制资本主义萌芽发展的同时，也阻碍了科学技术的前进。直到19世纪40年代的几百年间，在与机械有关的范围内，除兵器和造船方面有较为显著的进展外，其他方面几乎没有出现过价值重大的发明。此时，西方机械科学技术水平已明显超过我国。

2.1.3　近代机械时期

19世纪中后期，蒸汽机在我国迅速推广，先进的钢铁冶炼技术、各种近代机械加工设备以及纺织、造纸、印刷、卷烟和食品加工等各种机械及生产技术相继传入，我国开始建立近代机械和兵器制造业，19世纪后期还出现了一批民族资产阶级创办的企业。至此，近代机械工业在我国出现了。

到20世纪，依赖西方的技术和设备，我国近代机械在上述基础上继续发展，机械产品的品种和数量有所增加，其性能和水平有所提高，建厂地区范围也有所扩大。

20世纪初，工程技术学会和工程技术期刊也已出现。大约从19世纪60年代起出现我国学者编写的机械工程著作。一些企业涌现出了一批机械工程技术人员和机械工人骨干。这些都对我国近代机械的发展起了一定的作用。

据此，我们将近代机械工业所具有的特点归纳如下：

（1）我国近代机械的发展具有半殖民地的社会性质，对帝国主义有很大的依赖性。我国近代机械工业除能制造一些小型和简单的机械设备外，主要围绕组装和修配进行，生产、布局、结构和比例都很不合理，科研和设计能力十分薄弱。这些都给以后机械工业和科学技术的发展带来了很不利的影响。

（2）我国科学技术与世界科学技术的关系日益密切，我国科学技术大量吸收了世界科学技术的内容。但在当时世界科学技术的洪流中，我国科学技术一直是跟在西方的后面缓慢前进，在机械方面也未能做出重大贡献。

（3）在此期间我国依靠西方科学技术发展了近代机械，它与我国古代机械及传统生产技术很少有内在联系。这种情况造成近代和现代的生产设备及生产技术与机械职工队伍的实际情况脱节，也给继承和发扬我国古代机械科技遗产带来困难。

根据以上简述可知，我国近代机械时期时间不长，但它是一个急速变化的时期，是我国机械史的一个大转折，其成败、得失、经验与教训，都值得我们深入研究。

2.1.4　现代机械时期

1949年，新中国成立了。当时，世界上电子、原子能和计算技术等现代科学技术兴起并迅速发展。这两方面的因素推动我国机械进入现代机械时期。在中国共产党的领导下，我国机械工业和科学技术迅速摆脱对帝国主义的依赖，大力纠正旧中国留下的布局、结构和比例上不合理的现象，建立起独立自主的机械工业。新中国很快就能自己生产飞机、轮船、机车、汽车、机床和各种工程机械等，并进一步建立了门类比较齐全的机械工业体系，为许多工业部门提供成套机械设备，有力地支援了农业、国防工业和尖端科学技术的发展，还生产了一批大型、精密的机械产品。

在我国广大城乡，各行各业许多部门迅速实现机械化，大量繁重的体力劳动被机械代替，机械工业和机械科学技术为新中国的经济建设做出了重大贡献。

新中国的机械工业系统，已形成自己的机械研究、设计和制造力量；在1000多万名机械职工队伍中已有50多万名工程技术人员；几百个研究单位、许多工厂企业和高等院校都已具备研究和设计能力；还先后建立了不少现代机械研究中心，解决了机械工业中的许多重大科研课题，很多科研成果和机械产品已经达到或接近国际先进水平；机械产品已出口到100多个国家和地区，在国际市场上赢得了声誉；紧跟现代科学技术潮流，许多新兴学科和边缘学科也在我国兴起，某些学科已取得了重大进展。

新中国的机械工程教育蓬勃发展，培养了一大批高质量的高等和中等机械科学技术人才。通过职业培训和业余教育，广大职工进行知识更新，科技水平和文化素养都有所提高，在工作中发挥了更大的作用。

此外，中国机械工程学会和其他学术团体纷纷成立并积极开展工作，国内外学术活动十分活跃；又兴办了多种学术期刊和科普期刊，编辑出版了许多教材、专著和科普读物。这些对机械科学技术的提高也起了很大作用。

纵观机械工程的发展历程可知，制造业与制造技术的发展是由国家政治、经济、社会等多方面的因素决定的。

任务2.2　了解我国工程机械行业发展历程

2.2.1　熟悉我国工程机械行业发展简史

我国工程机械行业的发展历史，大致可以划分为以下5个阶段。

1. 创业时期（1949~1960年）

1949年以前，我国没有工程机械制造业，仅有为数有限的几个作坊式的修理厂，而且只能维修简易的施工机具和其他设备。新中国成立后工程机械在我国仍未形成独立行业，只由别的行业兼产一小部分简易的小型工程机械产品。"一五"期间（1953~1957年），全国主要工程机械制造企业发展到10多个。1958~1960年间，试制了54~80马力推土机、5~8 t汽车式起重机、0.5~4.0 m³机械式单斗挖掘机、2~6 t塔式起重机等一系列产品，主要制造企业发展到20多个。

2. 行业形成时期（1961~1978年）

工程机械行业从1961年开始组织全国行业规划，根据发展需要逐步对企业调整了产品方向，发展了一批重点企业，行业规模不断扩大，产品种类增加很快，如柳州、厦门、成都轮式装载机专业厂，贵阳液压挖掘机专业厂，郑州自行式铲运机专业厂，徐州、洛阳压路机专业厂，徐州、北京、泰安、锦州等起重机专业厂等。全国生产工程机械的专业厂和兼业厂已达380个。

3. 全面发展时期（1979~1999年）

自1979年，我国工程机械行业进入了全新的发展时期，随着市场经济的发展，加快了产品技术更新速度，通过引进、消化、吸收国外先进的制造及管理技术，工程机械行业整体水平得到了极大的提高，大大缩短了与国际一流技术之间的差距。如山东推土机总厂于1979年与日本小松制造所签订了引进220马力和320马力履带式推土机的制造合同；柳州工程机械厂、厦门工程机械厂、宜春工程机械厂、鞍山红旗拖拉机厂、哈尔滨拖拉机厂、上海彭浦机器厂、宣化工程机械厂、青海工程机械厂、上海柴油机厂、山东推土机总厂履带总成分厂、四川齿轮厂和成都工程机械总厂液力变矩器分厂等12个企业联合与美国卡特公司签订了引进履带式推土机、轮式装载机、轮式集材机等3类7种主机制造技术以及柴油机、变矩器、动力换挡变速箱、驱动桥、液压缸、"四轮一带"等一系列关键基础部件制造技术；徐州重机厂、长江起重机厂和浦沅工程机械厂于1980年初从联邦德国利勃海尔公司引进了全地面起重机制造技术；这批引进国外技术的企业，通过参观、培训、全面消化吸收引进技术，学习国外企业先进的管理经验，加上外国专家的支援，经过重点技术改造，工艺制造水平已接近国外同类企业的先进水平。

4. 黄金发展时期（2000~2010年）

工程机械行业从1961年开始组建，当时在机械工业中只是一个小的行业，有专业制造企业18家，固定资产原值9638万元，机床978台，职工总数9857人。至2009年，全行业规模以上生产企业有1400多家，其中主机企业710多家，职工33.85万人，固定资产原值668亿元，净值485亿元，资产总额达到2210亿元，年平均利润率为7.51%。

2010年，我国工程机械进出口贸易额为187.4亿美元，比上年增加45.7%。其中进口金额84亿美元，比上年增加63.2%；出口金额103.4亿美元，比上年增加34.2%；贸易顺差19.4亿美元，比上年减少6.2亿美元，同比下降24%。而2005年进口额仅为30.64亿美元，出口额仅为29.4亿美元。

5. 调整时期（2011年至今）

2011年以来，随着经济增速逐步放缓，工程基建热潮逐步回落，与之相关的机械行业也迎来了痛苦的调整期，出现销售滑坡、库存上升、应收账款激增、大规模裁员等问题。

工程机械行业低位运行、市场需求量减少是2012年后行业面临的最大困境。自2011年4月以来，整个工程机械行业进入发展低迷期。2012年我国工程机械行业销售额5626亿元，同比增长2.96%。行业增长幅度明显下滑，2011年工程机械行业销售额同比增幅为20.7%。

2015年，工程机械行业在前几年市场销售下滑的情况下，遇到了更加严峻的挑战：进出口贸易额为223.45亿美元，比上年下降7.19%。其中进口金额33.67亿美元，比上年下降21.4%；出口金额189.78亿美元，比上年下降4.11%；贸易顺差156.11亿美元，比2014年增加1.05亿美元，创历史新高。

2016年，工程机械行业在经历多年市场需求持续下降、企业经营难度较大、行业发展面临考验的情况下，坚定不移实施优化结构、转型升级、强化管理、提升效益等举措，在国家一系列调结构促转型增效益政策措施影响下，行业发展状况出现了积极的变化，2016年下半年工程机械企业经济效益和主要产品产销情况获得了极大改善。经协会统计汇总，在扣除不可比因素、重复数据和非工程机械产业营业收入之后，2016年全行业实现营业收入4795亿元，比2015年增长4.93%。

自2016年下半年以来，工程机械行业复苏势头强劲，据统计，2017年1~10月以挖掘机为首的20余类行业产品均实现了不同程度的上涨。销售起重机1646台，同比增长153%，1~10月累计同比增长125%，成为工程机械各类产品中2017年1~10月份里销量增长最大的单类产品。

2.2.2 了解我国工程机械各典型机种的发展

1. 挖掘机械

挖掘机械是以开挖土石方为主的机械，有通用型和专用型之分。通用型挖掘机是以挖方为主、他用为辅，一机多用的机械，数量占挖掘机总数的90%以上。专用型挖掘机械是专供特定工程和矿山开采用的机械设备，一般仅有一种工作装置，驱动方式多数为多电机驱动，能耗低。

第一台手动挖掘机问世至今已有130多年的历史，经历了由蒸汽机驱动单斗回转挖掘机到电力驱动和内燃机驱动回转挖掘机、应用机电液一体化技术的全自动液压挖掘机的逐步发展过程。我国的挖掘机生产起步较晚，从1954年抚顺挖掘机厂生产第一台斗容量为 1 m^3的机械式单斗挖掘机至今，大体上经历了测绘仿制、自主研制开发和发展提高等三个阶段。

新中国成立初期，以测绘仿制前苏联20世纪30~40年代的W501、W502、W1001、W1002等型机械式单斗挖掘机为主，开始了我国的挖掘机生产历史。1955~1957年，我国又按前苏联的生产图纸，试制成功斗容量为0.5 m^3、1.0 m^3的建筑型挖掘机和斗容量为3.0 m^3的采矿型挖掘机。1967年开始，我国开始自主研制液压挖掘机。到20世纪80年代末，我国中、小型液压挖掘机已形成系列。

改革开放以来，我国积极引进、消化、吸收国外先进技术，使国产液压挖掘机产品性能指标全面提高到20世纪80年代的国际水平，产量也逐年提高。进入20世纪90年代，在经济建设的带动下，出现了国内外厂商合资生产液压挖掘机、国外厂商在我国兴办独资企业的现象，至1997年，外商合资企业数量达到9家，独资企业1家。我国液压挖掘机产量在逐年上升，据1998年统计，全国挖掘机产量达到约4500台；2012年1~12月挖掘机产量为194961台。

2. 推土机械

推土机是铲土运输机械类产品中的主要机种，承担的主要任务有：切削、推运作业，开挖、堆积作业，回填、平整作业，疏松、压实等。按行走方式不同，推土机有履带式、轮胎式两种。

1904年，美国人霍尔特研制出世界第一台蒸汽履带式推土机。我国第一台推土机于1955年诞生在太原矿山机器厂。1958年，成功研制出移山-80型履带式推土机，成为我国履带式推土机制造的起点。1964年，仿制出新型的120马力液压操纵推土板升降的履带式推土机。从此我国开始了自制推土机底盘的发展阶段，也是履带推土机形式与基本参数标准形成的开始。

1974年11月，我国第一台轮胎式推土机诞生。1975年，设计开发了180马力的履带式推土机。1979年，第一机械工业部颁布了《履带式推土机型式和基本参数》第一个标准，规定了履带式推土机主参数以驱动功率为依据，共分100马力、120马力、140马力、200马力、320马力、410马力、600马力7个等级，使推土机发展走向正规化。

3. 装载机

装载机是一种用途很广的铲土运输机械类产品，广泛应用于国民经济建设各个部门。其中大型装载机主要用于露天矿、大型水利工程、交通运输与铁路建设等；中型装载机主要用于市政建设、水利、交通、农田改造、林业、货场料库及国防建设等；小型装载机则可以代替大量的人力劳动，且作业效率高。

1929年世界第一台轮式装载机制成，其斗容量为0.753 m³、载质量680 kg。我国装载机产品开发生产比较晚，1970年，我国参照美国的72-51型装载机，设计出ZL50型装载机；之后8年，成功地推出ZL20、ZL30、ZL40、ZL50和ZL90五种装载机，以及BZL40、DZL50型井下装载机，为80年代装载机行业的高速发展奠定了技术基础。1977年我国装载机年产量为1023台，1985年全国装载机产量达到4678台，到1993年全国产量就达到16738台，2008年达到17万台，2011年达到25.8万台。

改革开放前，我国装载机生产企业只有20多家，而且生产规模小。到目前，装载机生产企业发展到约130多家，年产量达到500台以上的共22家，5000台以上的企业除前8名中国名牌企业外，加上福田雷沃重工共9家。到2008年，全行业产能30万台。除前9名企业外，加上宇通重工等前10家企业年产能已超过25.5万台。前三家龙头企业（指柳工、厦工、龙工）年产能已超过14万台。其中柳工和龙工年产能均在5万台以上。

4. 塔式起重机

塔式起重机简称塔机，亦称塔吊，起源于西欧。第一项有关建筑用塔机专利颁发于1900年。1905年塔身固定的装有臂架的起重机面世，1923年制成了近代塔机的原型样机，同年出现第一台比较完整的近代塔机。1930年，德国开始批量生产塔机，并用于建筑施工。1941年，有关塔机的德国工业标准DIN8770公布。

我国第一台TQ2-6型塔式起重机于1954年开始生产。1961年，试制成功下回转式塔式起重机，起重力矩为16 t·m。1966年，成功试制出TQ6型（60 t·m）塔式起重机。1972年，上回转自升式、多用途塔式起重机研制成功，包括QT200型、QT45、QT80等塔式起重机。70年代中后期，我国先后开发出一批快速安装、整体托运、长度大大缩短的新产品。80年代，我国的塔式起重机技术水平，在性能方面已达到国外70年代末水平。90年代以来，各企业加快了新产品开发的步伐，品种不断增加，技术水平也有明显提高。目前，建筑用塔式起重机从10 t·m到900 t·m的系列规格基本齐全。电站用最大塔式起重机已发展到4000 t·m。

5. 起重机械

起重机包括轮式起重机和履带式起重机。

我国轮式起重机从1954年引进前苏联K32型3 t汽车式起重机的图纸和技术资料开始，由大连起重机厂试制；1957年用国产"解放"牌汽车底盘试制了K32型起重机；1958年，我国第一台Q51型国产化5 t汽车起重机试制成功；1959~1962年北京起重机器厂先后试制了8 t汽车起重机、25 t电传动轮胎起重机、15 t机械传动轮胎起重机；1967年，研制出3 t、5 t、10 t、12 t、16 t、32 t级的液压伸缩臂式汽车起重机；1976年，试制成功QD100型100 t级电传动桁架臂式汽车起重机；1986年，成功地研制了125 t液压汽车式起重机。近年来，轮式起重机行业又进入更新换代阶段，产品规格向中大吨位和越野性发展。

我国的履带式起重机最初是在履带式挖掘机底盘上发展起来的。1958年上海建筑机械厂在W1001型1 m³挖掘机底盘上，增加了起吊质量为15 t的起升装置，以后抚顺挖掘机厂在0.5 m³、3 m³履带式挖掘机底盘上改装增设了10 t、40 t的起升装置。80年代初期，我国专门设计了新一代履带式起重机。1980年，从日本引进KH125、KH183、KH500、KH700等4种履带式起重机机型，进一步促进了我国履带式起重机的发展。现在，我国已能生产8 t、10 t、15 t、20 t、25 t、32 t、40 t、50 t、140 t、210 t、400 t的履带式起重机，但生产规模小，每年产量在100台以内。

6. 叉车与工业搬运车辆

叉车是一种能兼做搬运和装卸的机动工业车辆。全世界第一台叉车于1917年诞生。1958年6月24日，我国第一台5 t叉车试制成功。至今，我国叉车经过了从测绘仿制起步、企业盲目组织生产、技术引进与产品系列更新三个发展阶段。"文革"以前，我国叉车生产基本处于测绘仿制阶段，那时候只有5 t以下平衡重式内燃叉车，插腿式、前移式、侧面式叉车4个品种6个规格，全国叉车年产量400多台，制造厂只有十一二家。2011年1~12月，全国电动叉车的产量达16.9万台，同比增长11.99%；全国内燃叉车的产量达20万台。

7. 压实机械

压实机械主要用于公路、铁路、市政建设、机场跑道、水库堤坝等建筑物地基工程的压实作业，以提高基础和路面的强度、承载能力、稳定性、不渗透性、平整度等性能。压实机械产品主要包括：静作用压路机、振动压路机、轮胎压路机、振动平板夯、快速冲击夯、爆炸式夯实机、蛙式夯实机。

我国于1952年测绘了一台6~8 t静作用光轮压路机。1953年，生产了10台；1957年，洛阳建筑机械厂测绘和改进设计发展了3Y12/15静作用压路机，成为定型产品。1960年，徐州工程机械厂自行开发了10 t蒸汽压路机。1962年，由建筑工业部统规划安排，徐州工程机械厂生产2Y6/8和2Y8/10内燃静作用压路机；同时又安排上海工程机械厂和三明重型机械厂生产3Y12/15静作用光轮压路机。20世纪80年代初，徐州工程机械厂又设计制造了

2Y8/10A型两轮静作用压路机。1982年，该厂为支援巴基斯坦的建设，自行设计制造了3Y14/18型三轮压路机，1983年出口巴基斯坦，深受外商的拥护和好评。此后，该厂又研制成功了目前国内最大吨位的3Y18/21型三轮静作用压路机。至此，静作用压路机基本形成系列，而且压路机的专业制造厂也基本形成。

振动压路机与静作用压路机比较，具有压实深度大、密实度高、质量好、生产效率高等特点。其能耗相当于静作用压路机的65%左右，效率相当于静作用压路机的3~4倍。我国振动压路机发展起步较晚。1961年，研制开发成功3 t自行式振动压路机，标志着我国自行开发设计振动压实机械的起步。1965年，我国第一台YZ4.5型振动压路机研制成功并小批量生产。1974年，研制了YZB8型振动压路机；1987年，对YZB8型进行改进设计，研制出YZB8A振动压路机，提高了性能。从此，我国振动压路机进入了新的发展阶段。90年代开始，组合式振动振荡压路机SY8型（单驱动）、SY8A型、YDZ12型、YZ14D型诞生，结合技术引进，我国压路机在满足国内需求的同时还达到批量出口的水平。

目前为止，国产压路机涵盖十余个系列，近百个产品型号，机械传动压路机为中国创造产品，全液压振动压路机、轮胎压路机的技术水平已达到世界先进。在夯实机械方面，我国研发的多功能振动振荡建筑夯机是新一代压实机具，达到了国际先进水平。

8. 凿岩机械与气动工具

凿岩机械主要用于矿山采掘的凿岩作业，铁路、公路、国防建设中隧道的开挖及边坡处理等各种石方工程。气动工具是以空气为动力的通用机具，是实现机械化操作的重要手段，常用于设备安装、桥梁拼装、打磨清理、除锈、表面抛光等。以下主要阐述凿岩机械。

自1844年第一台凿岩机研制成功并试用于隧道工程算起，凿岩机至今已有170多年的历史，是地下矿山传统的开采设备。我国第一批自制的气动凿岩机为仿制日本的R-39型，诞生于新中国成立之后；1950年又仿制了日本S-49型凿岩机887台；从1957年开始，新产品由仿制日本、前苏联的产品开始转向自行设计，产品范围也由原来的气动凿岩机及气动工具开始扩展到内燃凿岩机和电动凿岩机。改革开放以后，凿岩机械产品已经发展到24个系列，150多个品种规格，其中主要产品55种；气动工具共有31个系列，24个品种规格，其中主要产品67种。截至目前，我国已有凿岩机械与气动工具专、兼业生产厂和相关科研单位及高等院校近百家，能够提供2个大类40个小类71个系列近700个品种规格的产品，产品已相当齐全，除少数进口外，基本能满足国内需要。

9. 混凝土制品机械

混凝土制品机械包括各种混凝土空心砌块成型机械、地面砖成型机械、构件成型机械、管件成型机械以及相关的配套产品，广泛应用于各类砌块生产厂和构（管）件生产厂，制备各类混凝土制品服务于建筑、市政工程。它与现代建筑和市政工程密不可分。

改革开放以前，我国混凝土制品的生产绝大多数以简单的手工生产方式为主，效率低下，制品质量不高。改革开放之后，原始的手工生产方式彻底改变，混凝土制品机械制造厂家逐年增多，生产规模不断扩大，技术含量不断提高。混凝土制品机械的产量由1983年的1400台增加到1995年的约3.7万台。13年间，年平均增长率为31.4%。1995年以来，由于市场需求的变化，各制造厂小型机械的产量逐年减少，大型机械设备的产量逐年增加，1998年，混凝土制品机械产量2.47万台，比1995年减少，但产值增幅较大。经过几十年的发展，我国混凝土制品机械正逐渐成熟，其规模将会不断扩大。

10. 混凝土机械

1952年天津工程机械厂和天津建筑机械厂试制出我国第一台混凝土搅拌机。在1978年前，我国混凝土机械行业就已基本形成，全国混凝土机械生产厂由20世纪50年代的6~7家发展到70多家；搅拌机年产量由1955年的105台，到1978年达到6339台；振动器年产量由2062台增长到73524台。商品混凝土机械发展也开始起步，1978年生产了混凝土泵及泵车22台，搅拌运输车10台，搅拌楼（站）13台。1993年，我国混凝土机械产品产量达到世界最高水平，其中搅拌机产量达到9万多台，同时加快了商品混凝土的推广使用，使得商品混凝土成套机械设备进入高速发展期，社会效益和经济效益显著。

11. 钢筋加工机械和钢筋预应力机械

钢筋加工机械和钢筋预应力机械，主要服务于建筑业、桥梁、隧道、冶金等领域，制作各种混凝土结构物或钢筋混凝土预制件所用的钢筋和钢筋骨架等。

新中国成立后，我国钢筋加工机械起初基本上是仿照前苏联20世纪40年代的切断机、弯曲机、调直机产品开始发展的。改革开放以来，钢筋加工机械的产品结构、品种、性能、产量都得到很大发展。20世纪90年代到21世纪初，我国开始学习和引进欧洲钢筋加工机械技术，产品的规格、品种、外观和稳定性都得到进一步发展和提高。现在行业已经具备了一定的自主研发能力。目前，我国钢筋机械连接、钢筋弯箍、单机弯曲、单机切断、焊网技术已经接近或者达到国际先进水平。钢筋预应力机械的锚具、夹具和连接器，随着我国工程建设需求不断增多，基本上实现了产品的系列化，张拉设备和电动油泵的性能和可靠性都有了较大提高，基本实现了大吨位和小型轻量化。

12. 施工升降机械

施工升降机是垂直运送人员及物料的提升机械，广泛用于中高层建筑施工作业。我国首个安装升降机的城市是上海。1907年，6层高的汇中饭店安装了2台奥蒂斯升降机。台湾第一部商用升降机则在1932年安装，位于台北市菊元百货，当时称为流笼。目前，国内生产的升降机产品型号各异，提升高度有4 m、6 m、18 m甚至达百米不等。升降机广泛用于厂房维护、工业安装、设备检修、物业管理、仓库、航空、机场、港口、车站、机械、化工、医药、电子、电力等高空设备安装和检修。

13. 路面机械

路面机械是用于道路修筑与维修养护的专用机械设备。主要包括沥青、水泥路面及相应路基的修筑与维修养护所需的机械设备，桥梁专用的维修养护以及道路检测设备等。

我国路面机械起步于20世纪60年代初期。60年代初至70年代末，针对当时国内公路建设的具体需求，开发研制了多种适用于修建二级以下公路的一般路面机械产品，主要有生产率为10~30 t/h的多种形式沥青混合料搅拌设备、铺宽4.5 m推铺机、石屑撒布机、沥青洒布机、75马力土壤稳定拌和机以及多种道路养护机械等。改革开放以来，我国开始修建沈大、京津塘等高速公路，同步进口了多种技术性能先进的高级路面施工机械产品，拉开了发展高级路面机械产品的序幕。80年代初至90年代初，我国相继引进沥青混合料推铺机、稳定土厂拌设备、水泥滑模摊铺机等多种先进的路面机械制造技术。现在我国已能生产用于修筑高等级公路的生产率为60~240 t/h 的系列间歇式沥青混合料搅拌设备，生产率30~100 m³/h 的系列水泥搅拌设备产品，铺宽5~9 m的滑模式摊铺机产品，铣刨宽度0.5~1 m的路面冷铣刨机产品，厂拌设备有生产率200~600 t/h系列产品，路拌设备有功率200~400马力多种型号，已基本占领了国内市场，极少进口。目前，修筑二级以下公路的一般路面机械产品种类和生产能力均可满足市场需求，并有少量出口至东南亚各国。

14. 桩工机械

桩工机械主要用于各种桩基础、地基改良加固、地下连续墙及其他特殊地基基础等工程的施工。新中国成立前，我国没有桩工机械制造业。20世纪50年代初期，我国基础施工全部使用旧中国从国外进口遗留下来的蒸汽式打桩机和笨重落后的落锤。第一个五年计划期间，我国开始仿制国外3~10项单作用和双作用蒸汽式打桩机，以及前苏联的B17系列振动桩锤，开始有了以仿制为主的桩工制造业。厂家都是施工部门的修配厂，当时还没有专业的桩工机械生产厂。60年代初，第一机械工业部五局成立，我国开始组建桩工机械制造行业。1964年行业调整时，我国开始自行研制桩工机械。60年代中期到70年代末期，我国先后开发研制生产了筒式柴油机打桩锤、导杆式柴油锤等，部分解决了国家重点建设工程急需，少量桩工机械还出口援外到越南、阿尔巴尼亚及东南亚其他一些国家。党的十一届三中全会以来，桩工机械行业快速发展。到目前为止，桩工机械行业制造厂已发展到30多家，形成了部属研究所、企业研究所、院校研究所三个层次的开发科研设计力量。

任务2.3 展望国内外工程机械典型产品技术的发展趋势

从新中国成立初期到现在，工程机械行业已经成长了60余年。从新中国第一批工程机械，到现在自主创新，实现跨越式增长，工程机械走向了成熟，未来工程机械的发展方向在朝着更加高端化的区域前进。

国内工程机械企业频频推出新产品，我们不难从这些产品发展中看出，我国工程机械正朝着节能化、智能化、大型化转变。

节能化：能源短缺是国际问题，绿色发展是全球达成的共识。我国也一直在强抓节能减排，我国的非路面机械排放标准也是逐年在提高。节能化产品将是工程机械行业发展的必然趋势。

大型化：大型化就意味着技术的提高和适应条件的提升。为保证施工的方便与快捷，工程机械大型化也成为一个重要的发展趋势。

智能化：智能化一直是我国机械工业发展的方向。

无论是节能化、大型化还是智能化都是我国工程机械行业发展的必然趋势。现在各大企业陆续推出新产品来抢占市场份额，而这些高性能产品的推出必将推动国内工程机械行业的发展。

《中国机械工程技术路线图》经过一年多的研究和编写已经出版。专家们提出了面向2030年机械工程技术发展的五大趋势和八大技术。

五大趋势是绿色、智能、超常、融合、服务。专家指出，这十个字不仅着眼于中国机械工程技术的实际，也体现了世界机械工程技术发展的大趋势。

八大技术问题是从机械工程11个领域凝练出来的，即产品设计、成形制造、智能制造、精密与微纳制造、仿生制造、再制造、流体传动与控制、齿轮、轴承、刀具、模具。专家指出，这些技术的突破将提升我国重大装备发展的基础、关键、核心技术创新和重大集成创新能力，提升我国制造业的国际竞争力。

近年来，随着建筑施工和资源开发规模的扩大，对工程机械的需求量迅速增加，因而对其可靠性、维修性、安全性和燃油经济性也提出了更高的要求。随着微电子技术向工程机械的渗透，现代工程机械日益向智能化和机电一体化方向发展。

自20世纪90年代以来，国外工程机械进入了一个新的发展时期，在广泛应用新技术的同时，不断涌现出新结构和新产品。继完成提高整机可靠性任务之后，技术发展的重点在于增加产品的电子信息技术含量和智能化程度，努力完善产品的标准化、系列化和通用化，改善驾驶人员的工作条件，向智能、节能、环保方向发展。目前国际工程机械的发展趋势主要如下。

1.系列化、特大型化

系列化是工程机械发展的重要趋势。国外著名大公司逐步实现其产品系列化进程，形成了从微型到特大型不同规格的产品。与此同时，产品更新换代的周期明显缩短。所谓特大型工程机械，是指其装备的发动机额定功率超过1000马力（1马力=735.499 W），主要用于大型露天矿山或大型水电工程工地的机械。产品特点是科技含量高，研制与生产周期较长，投资大市场容量有限，市场竞争主要集中在少数几家公司。以装载机为例，目前仅有马拉松·勒图尔勒、卡特彼勒和小松—德雷塞这三家公司能够生产特大型装载机。

2. 多用途、微型化

为了全方位地满足不同用户的需求，国外工程机械在朝着系列化、特大型化方向发展的同时，已进入多用途、微型化发展阶段。推动这一发展的因素首先源于液压技术的发展——通过对液压系统的合理设计，使得工作装置能够完成多种作业功能；其次，快速可更换连接装置的诞生——安装在工作装置上的液压快速可更换连接器，能在作业现场完成各种附属作业装置的快速装卸及液压软管的自动连接，使得更换附属作业装置的工作在驾驶室通过操纵手柄即可快速完成。一方面，工作机械通用性的提高，可使用户在不增加投资的前提下充分发挥设备本身的效能，完成更多的工作；另一方面，为了尽可能地用机器作业替代人力劳动，提高生产效率，适应城市狭窄施工场所以及在货栈、码头、仓库、舱位、农舍、建筑物层内和地下工程作业环境的使用要求，小型及微型工程机械有了用武之地，并得到了较快的发展。为占领这一市场，各生产厂商都相继推出了多用途、小型和微型工程机械，如卡特彼勒公司生产的IT系列综合多用机、克拉克公司生产的"山猫"等。

3. 电子化与信息化互动

广泛应用微电子技术与信息技术，完善计算机辅助驾驶系统、信息管理系统及故障诊断系统；采用单一吸声材料、噪声抑制方法等消除或降低机器噪声；通过不断改进电喷装置，进一步降低柴油发动机的尾气排放量；研制无污染、经济型、环保型的动力装置；提高液压元件、传感元件和控制元件的可靠性与灵敏性，提高整机的"机—电—信"一体化水平；在控制系统方面，将广泛采用电子监控和自动报警系统、自动换挡变速装置；用于物料精确挖（铲）、装、载、运作业的工程机械将安装GPS定位与质量自动称量装置；开发特种用途的"机器人式"工程机械等。

以微电子、因特网为重要标志的信息时代，不断研制出集液压、微电子及信息技术于一体的智能系统，并广泛应用于工程机械的产品设计之中，进一步提高了产品的性能及高科技含量。Le Tourneau集成网络控制系统便是一例，其通过显示在机载计算机屏幕的出错信息，提示驾驶员出错原因，并采用三级报警灯光信号（蓝、淡黄、红）表示发动机、液压系统、电气和电子系统的各种状态。目前，该系统已安装在L1350型矿用装载机上。

4. 不断创新的结构设计

以装载机为例，工作装置已不再采用单一的"Z"形连杆机构，继出现了八杆平行结构和TP连杆机构之后，卡特彼勒公司于1996年首次在矿用大型装载机上采用了单动臂铸钢结构的特殊工作装置，即所谓的"VersaLink机构"。这种机构替代综合多用机上的八杆平行举升机构和传统的"Z"形连杆机构，可承受极大的扭矩载荷和具有卓越的可靠性（耐用性），驾驶室前端视野开阔。O&K公司研制的创新LEAR连杆机构，专为小型装载机而设计。Schaeff公司于2000年3月在巴黎INTERMAT展览会上展出的高卸位式SKL873型轮式装载机的可折叠式创新连杆机构工作装置，进一步增加了轮式装载机工作装置的种类。

5. 安全舒适、可靠

驾驶室将逐步实施ROPS和FOPS设计方法，配装冷暖空调。全密封及降噪处理的"安全环保型"驾驶室，采用人机工程学设计的驾驶座椅可全方位调节，装置了功能集成的操纵手柄、全自动换挡装置及电子监控与故障自诊断系统，以改善驾驶员的工作环境，提高作业效率。大型工程机械安装有闭路监视系统以及超声波后障碍探测系统，为驾驶员安全作业提供音频和视频信号。微机监控和自动报警的集中润滑系统，大大简化了机器的维修程序，缩短了维修时间。如卡特彼勒公司的F系列装载机日常维修时间只需3.45 min。目前，大型工程机械的使用寿命达2.05万h，最高可达2.5万h。

6. 节能与环保

为提高产品的节能效果和满足日益严格的环保要求，国外工程机械公司主要从降低发动机排放、提高液压系统效率和减震、降噪等方面入手。目前，卡特彼勒公司生产功率为15～10150 kW的柴油发动机。其中6缸、7.2 L、自重588 kg、功率为131～205 kW的3126B型环保指标最好，满足EPA Tier II和EU Stage II排放标准。卡特彼勒3516B型发动机装有电子喷射装置及ADEM模块，可提高22%的喷射压力，便于燃油完全、高效燃烧，燃烧效率可提高5%，NOx排放下降40%，扭矩增加35%。个别厂家生产的工程机械产品，机外噪声已降至72 dB（A）。

以研究施工工艺为基础，以计算机技术、微电子技术、信息技术、无线通信技术和自动控制技术的综合应用为手段，各种施工机群（如用于高速公路施工的沥青搅拌站、沥青运输车、沥青转运车和沥青摊铺机即组成一个施工机群）的智能化研究将相继展开。

可以预见，在不久的将来，工程施工管理与过程控制都将实现智能化，施工质量也将得到全过程的控制，保证在设计要求的范围内。

思考题

1. 我国工程机械发展史分为几个时期？在不同时期各具有什么特点？
2. 我国工程机械行业的发展历史分为哪几个阶段？
3. 我国工程机械行业发展中存在的主要问题是什么？
4. 从工程机械的发展趋势看，为什么要注重环保、节能和安全？
5. 从技术引进到自行发展，您认为我国工程机械的发展应该注意什么问题？
6. 国外工程机械的发展趋势是怎样的？

项目3　认识常用工程机械

☞**知识目标**

1. 认识土方工程机械的用途和分类；
2. 认识压实机械的用途和分类；
3. 认识石方机械的用途和分类；
4. 认识路面机械的用途和分类；
5. 认识桩工机械的用途和分类；
6. 认识架桥机械的用途和分类；
7. 认识隧道机械的用途和分类。

☞**能力目标**

1. 能够正确识别不同类型的工程机械及其使用特点；
2. 能够表述各类常用工程机械的优势及其适用范围；
3. 能够在教师的指导下，运用因特网了解各类工程机械的最新资料。

任务3.1　了解土方工程机械

3.1.1　了解推土机

1. 推土机的用途

推土机（如图3-1）是一种多用途的自行式工程机械，它能铲挖并移运土壤。此外，推土机还可用来平整场地、推集松散材料、清除作业地段内的障碍物等，在建筑、筑路、采矿、油田、水电、港口、农林及国防等各类工程中都得到了十分广泛的应用。

2. 推土机的分类

推土机可按用途、发动机功率、传动方式、行走方式、推土铲安装方式及操纵方式等进行分类。表5-1列出了常用推土机的分类、特点及适用范围的详细情况。

图3-1　履带式推土机外形图

表3-1　常用推土机的分类、特点及适用范围

分类形式	分类	特点及适用范围
按发动机功率分	小型	发动机功率小于44 kW（60马力）
	中型	发动机功率59~103 kW（140马力）
	大型	发动机功率118~235 kW
	特大型	发动机功率大于235 kW
按行走机构分	履带式	此类推土机与地面接触的行走部件为履带。由于它具有附着牵引力大、接地比压低、爬坡能力强以及能胜任较为险恶的工作环境等优点，因此，它是推土机的代表机种
	轮胎式	此类推土机与地面接触的行走部件为轮胎。具有行驶速度高、作业循环时间短、运输转移不损坏路面、机动性好等优点
按用途分	普通型	此类推土机具有通用性，它广泛地应用于各类土石方工程中，主机为通用的工业拖拉机
	专用型	此类推土机适用于特定工况，具有专一性能，主要有：湿地推土机、水陆两用推土机、水下推土机、爆破推土机、船舱推土机、军用快速推土机等
按铲刀型式分	直铲式	也称固定式。此类推土机的铲刀与底盘的纵向轴线构成直角；铲刀的切削角是可调的。对于重型推土机，铲刀还具有绕底盘的纵向轴线旋转一定角度的能力。一般来说，特大型与小型推土机采用直铲式的居多，因为它的经济性与坚固性较好
	角铲式	也称回转式。此类推土机的铲刀，除了能调节切削角度外，还可在水平方向上回转一定角度（一般为±25°）。角铲式推土机作业时，可实现侧向卸土。应用范围较广，多用于中型推土机

续 表

分类形式	分 类	特点及适用范围
按传动方式分	机械传动式	此类推土机的传动系统全部由机械零部件所组成,具有制造简单、工作可靠、传动效率高等优点,但操作笨重、发动机容易熄火、作业效率较低
	液力机械传动式	此类推土机的传动系统由液力变矩器、动力换挡变速箱等液力与机械相配合的零部件组成,具有操纵灵便、发动机不易熄火、可不停车换挡、作业效率高等优点,但制造成本较高、工地修理较难。它仍是目前产品发展的主要方向
	全液压传动式	此类推土机,除工作装置采用液压操纵外,其行走装置的驱动也采用了液压马达,它具有结构紧凑、操作轻便、可原地转向、机动灵活等优点,但制造成本高、维修较难,由于液压马达等元件制造难度较大,目前国内发展尚受到一定限制

3. 推土机的主要结构

(1)履带式推土机。

履带式推土机是由动力装置、(车)机架、传动系统、转向系统、行走机构、制动系统、液压系统和工作装置所组成。它是在专用底盘或工业履带拖拉机的前、后方加装由液压操纵的推土铲刀和松土器所构成的一种工程机械。

图3-2为履带式推土机结构简图。履带式推土机的动力装置多为柴油发动机;传动系统多用机械传动或液力机械传动(超大型机器也有采用电传动的),有些机型已开始采用全液压传动;工作装置(多)全为液压操纵。

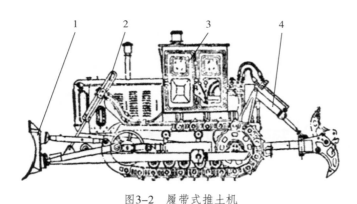

图3-2 履带式推土机

1—推土铲刀;2—液压元件;3—驾驶室;4—松土器

(2)轮胎式推土机。

图3-3是轮胎式推土机结构简图。它是在整体车架或铰接车架的专用轮胎式底盘的前方加装由液压操纵的推土工作装置的一种土方工程机械。

轮胎式推土机的动力装置为柴油发动机,传动系统采用液力变矩器、动力换挡变速箱和其他机械传动装置共同(所)构成的液力机械传动;铰接式(车体)机架转向;双桥驱

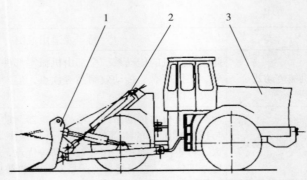

图3-3　轮胎式推土机

1—推土铲刀；2—液压元件；3—铰接式底盘

动；宽基低压轮胎，工作装置为直铲式推土铲刀；液压操纵。

（3）工作装置。

推土机工作装置包括推土（铲）装置和松土器。

①推土（铲）装置：推土（铲）装置由铲刀和推架两部分组成。安装在推土机的前端，是推土机的主要工作装置。

推土机处于运输工况时，推土铲被提升，油缸提起；进入作业工况时则降下推土铲，将铲刀置于地面，向前可以推土，向后可以平地；在较长时间内牵引作业时，可将推土铲拆除。

履带式推土机的铲刀有固定式和回转式两种（安装）结构形式。其中的回转式铲刀可在水平面内回转一定的角度（一般 α 为0°~25°），实现斜铲作业。如果将铲刀在（垂直）刀身平面内倾斜一个角度（一般 β 为0°~9°），则可实现侧铲作业。因此该推土机称为全能型推土机，见图3-4。

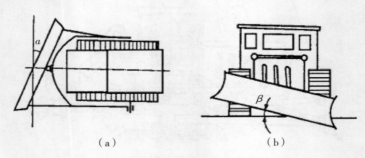

（a）　　　　　　　　　　（b）

图3-4　回转式铲刀

（a）铲刀平斜；（b）铲刀侧斜

现代大、中型履带式推土机多安装固定式推土铲，也可换装回转式推土铲。通常，向前推铲土石方、平整场地或堆积松散物料时采用直铲作业；傍山铲土或单侧弃土应采用斜铲作业；在斜坡上铲削土壤或铲挖边沟则采用侧铲作业。

②松土器：大、中型履带式推土机通常配备松土器，它悬挂在推土机的尾部，用于硬土、页岩、黏结砾石的预松作业。见图3-5。

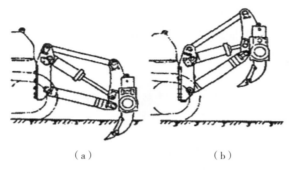

（a）　　　　　　　　（b）

图3-5　松土器

（a）松土器工作；（b）松土器提起

4. 推土机的基本运用

推土机是一种循环作业机械，它具有机动灵活、能在较小的工作面上工作、短距离运土效率很高的特点，因此是土方工程施工中最常用的机械。

推土机的作业循环是：切土→推土→卸土→倒退（或折返）回空。

切土时用I挡速度（土质松软时也可用Ⅱ挡），以最大的切土深度（100~200 mm）在最短的距离（6~8 m）内推成满刀，开始下刀及随后提刀的操作应平稳。推土时用Ⅱ挡或Ⅲ挡，为保持满刀土推送，应随时调整推土刀的高低，使其刀刃与地面保持接触。卸土时按照施工要求，或者分层铺卸，或者堆卸。往边坡卸土时要特别注意安全，其措施一般是在卸土时筑成向边坡方向一段缓缓的上坡，并在边上留一小堆土，如此逐步向前推移。卸土后在多数情况下是倒退回空，回空时尽可能用高速挡。

3.1.2　了解铲运机

1. 铲运机的用途

在公路工程施工中，铲运机（如图3-6）是大规模路基施工中一种生产率高、经济效益好的理想土方运输机械。在作业中，铲运机可以依次连续完成铲土、装土、运土和铺卸四个工序。它是主要用于大规模的土方工程，如公路、铁路、农田水利、机场和港口等工程的一种土方施工机械。

铲运机的经济运距一般在100~1500 m，最大运距达几公里。自行式铲运机的工作速度达40 km/h以上，斗容可超过30 m³，因此，在中长距离作业时，铲运机具有很高的生产率和良好的经济效益。

铲运机可以直接完成Ⅱ级以下较软土体

图3-6　铲运机

的铲挖，对Ⅲ级以上较硬的土，应对其进行预先疏松后再进行铲挖。铲运机还能对土壤进行铺卸平整作业，将土逐层填铺到填方地点，并进行一定的压实。

2. 铲运机的分类

铲运机主要根据斗容量、卸装方式、装载方式、行走机构、动力传递方式及操纵系统等进行分类，见表3-2。

表3-2　自行式铲运机的分类

分　类	特　点	分　类	特　点
按斗容量分	小型：铲斗容量＜5 m³ 中型：铲斗容量5～15 m³ 大型：铲斗容量15～30 m³ 特大型：铲斗容量＞30 m³	按卸载方式分	自由卸载式 半强制卸载式 强制卸载式
按装载方式分	普通式（切削的土壤被挤入到铲斗内） 升运式（将切削的土壤升运到铲斗内）	按动力传递方式分	机械传动 液力机械传动 电力传动 液压传动
按行走装置分	轮胎式 履带式	按工作机构的 操纵方式分	机械式 液压式

3. 铲运机的主要结构组成

自行式铲运机一般由单轴牵引车和铲运斗两部分组成，如图3-7所示。牵引车主要包括发动机、传动系统、转向系统、制动系统和车架等；铲运斗主要由斗门、斗体和操纵机构等组成。升运式铲运机还包括链板升运机构。此外，双发动机自行式铲运机后部还装有一台辅助发动机，用于铲装和重载上坡时驱动后轮。

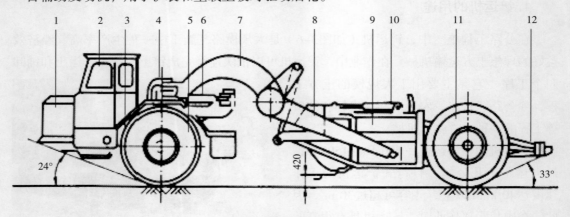

图3-7　铲运机总体构造

1—发动机；2—驾驶室；3—传动装置；4—中央框架；5—前轮；6—转向油缸；7—曲梁；
8—Ⅱ型架；9—铲运斗；10—斗门油缸；11—后轮；12—尾架

4. 铲运机的工作过程

铲运机的作业过程由铲装、运土、卸土和回驶四个过程组成一个工作循环（图 3-8）。

铲装过程［图3-8（a）］：铲运机被牵引或自行在铲土场地上行进，通过操纵机构升起斗门，放下铲斗，此时斗口凭借刀片切入土中，随着机械的继续行进，铲下的土层被挤入斗中。

运土过程［图3-8（b）］：铲斗装满土壤后，关闭斗门，将铲斗提升到一定高度，铲运机重载运行到卸土地段。

卸土过程［图3-8（c）］：到达卸土地段后，放低铲斗，使斗口离地面一定高度，开启斗门并通过操纵机构使卸土板前移，将斗内的土壤往外推卸，随着机械前行在地面上铺卸下一层土壤。

回驶过程：卸土完毕后，使卸土板回位并关闭斗门，将铲斗提升到利于行驶的高度，铲运机空驶返回原铲土地段进行下一循环作业。

在铲装松土时，为了将铲斗装满至堆尖容量，或者在铲装较硬土壤时，为了增加足够的牵引力，通常使用助铲机（常用推土机）在铲运机尾部顶推助铲，如［图3-8（d）］所示。

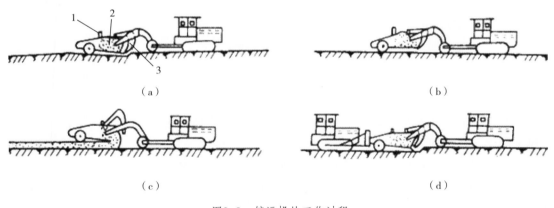

（a）

（b）

（c）

（d）

图3-8 铲运机的工作过程

（a）铲装；（b）运土；（c）卸土；（d）推土机助铲

1—卸土板；2—斗体；3—斗门

3.1.3 了解挖掘机

1. 挖掘机的用途

挖掘机是用来开挖土方的一种施工机械（图3-9和3-10分别是履带式挖掘机和轮胎式挖掘机的外形图），它是用铲斗上的斗齿切削土壤并装入斗内，装满土后提升铲斗并回转到卸土地点卸土，然后再使转台回转、铲斗下降到挖掘面，进行下一次挖掘。挖掘机主要用于筑路工程中的堑壕开挖，建筑工程开挖基础，水利工程开挖沟渠、运河和疏通河道，在采石场、露天开采等工程中进行挖掘、剥离等工作。据统计，工程施工中约有60%的土石方量是靠挖掘机完成的。此外更换工作装置后还可进行起重、安装、打桩、夯土和拔桩等作业。

图3-9　履带式挖掘机

图3-10　轮胎式挖掘机

2. 挖掘机的分类

挖掘机可按以下几种方法进行分类：

按动力装置分为电驱动式、内燃机驱动式、复合驱动式。其中内燃机驱动式较为普遍。

按传动方式分为机械传动式、液力-机械传动式、全液压传动式。特别是全液压驱动式越来越多地被采用。

按行走机构的结构型式分为履带式、轮胎式等，其中履带式挖掘机占的比例较大。

按工作装置分为单斗挖掘机（有正铲挖掘机、反铲挖掘机、刨铲挖掘机、拉铲挖掘机、抓斗挖掘机、吊钩起重机、打桩机和夯土机）。

图3-11是机械式单斗挖掘机工作装置主要形式，图3-12是液压式单斗挖掘机工作装置主要形式。

3. 挖掘机的主要结构

（1）单斗挖掘机总体结构（以液压式为例）。

如图3-13所示，单斗液压挖掘机主要由工作装置、回转机构、动力装置、传动操纵机构、行走装置和辅助设备等组成。常用的全回转式（转角大于360°）挖掘机，其动力装置、传动机构的主要部分、回转机构、辅助设备和驾驶室等都装在可回转的平台上，通称为上部转台，因而又把这类机械概括成由工作装置、上部转台和行走装置三大部分组成。

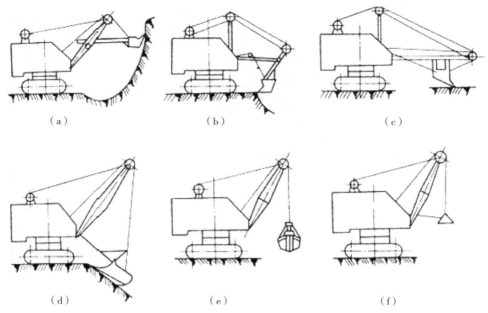

图3-11　机械式单斗挖掘机工作装置主要型式

（a）正铲；（b）反铲；（c）刨铲；（d）拉铲；（e）抓斗；（f）打桩

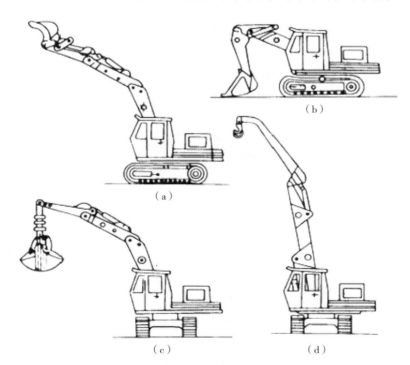

图3-12　液压式单斗挖掘机工作装置主要型式

（a）反铲；（b）正铲；（c）抓斗；（d）起重

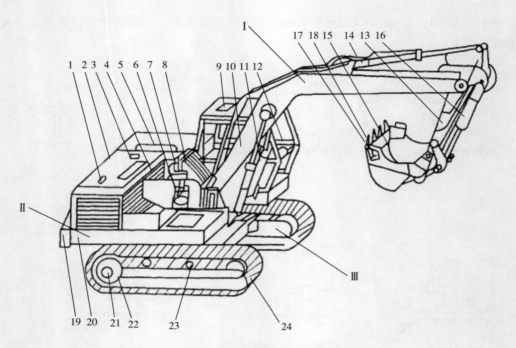

图3-13　液压挖掘机主要结构简图

1—柴油机；2—机棚；3—油泵；4—液控多路阀；5—液压油箱；6—回转减速器；7—液压马达；
8—回转接头；9—驾驶室；10—动臂；11—动臂油缸；12—操作台；13—斗杆；14—斗杆油缸；
15—铲斗；16—铲斗油缸；17—边齿；18—斗齿；19—平衡重；20—转台；21—行走减速器液压马达；
22—支重轮；23—托链轮；24—履带板；Ⅰ—工作装置；Ⅱ—上部转台；Ⅲ—行走装置

（2）反铲工作装置的结构。

反铲是单斗液压挖掘机最常用的结构型式，动臂、斗杆和铲斗等主要部件彼此铰接
（见图3-14），在液压缸的作用下各部件绕铰点摆动，完成挖掘、提升和卸土等动作。

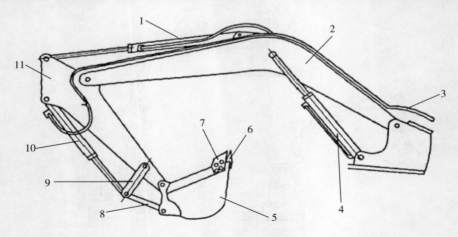

图3-14　反铲工作装置

1—斗杆油缸；2—动臂；3—油管；4—动臂油缸；5—铲斗；6—斗齿；7—侧齿；8—连杆；
9—摇杆；10—铲斗油缸；11—斗杆

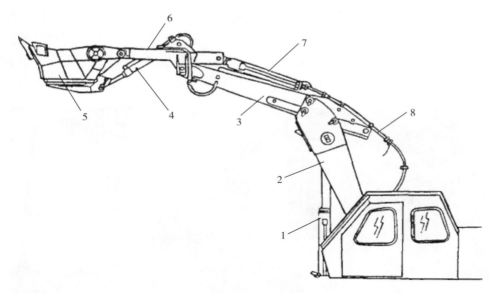

图3-15　正铲工作装置

1—动臂油缸；2—动臂；3—加长臂；4—斗底油缸；5—铲斗；6—斗杆；7—斗杆油缸；8—液压软管

（3）正铲工作装置的结构。

单斗液压挖掘机正铲结构如图3-15所示，主要由动臂2、动臂油缸1、铲斗5、斗底油缸4等组成。

铲斗结构与机械式挖掘机的基本相似，只是斗底采用液压缸来开启。为了换装方便，也有正、反铲通用的铲斗。

4. 挖掘机的基本运用

单斗挖掘机是一种以铲斗为工作装置进行间隙循环作业的挖掘、装载工程机械，其特点是：挖掘能力强、结构通用性好，可适应多种作业要求；缺点是机动性差。

每一工作循环可分为四个步骤：挖土装载、满载回转、卸土、空斗转回至工作面。完成这四个步骤所需的时间可分别定为t_1，t_2，t_3，t_4。则完成一个工作循环所需要的时间为：$T = t_1+t_2+t_3+t_4$。其中挖掘深度、回转角度、土质情况、驾驶员熟练程度对挖掘机的生产效率影响较大。

3.1.4　了解装载机

1. 装载机的用途

装载机（见图3-16和3-17）是一种在轮胎式或履带式基础车上装有一个铲斗工作装置的循环作业式土方工程机械。20世纪60年代以前的装载机，其功率和结构强度均不大，主要用于装载和搬运不太硬的土方和松散材料，还可用于松软土壤的表层剥离、地面平整和场地清理等工作。近些年来，装载机无论在结构、传动、材料和轮胎等方面都有了改进和提高，许多轮式装载机已能用于露天矿、采石场和隧道工程中。装载机不仅可以进行土方工程作业，而且更换工作装置后可以用作起重机或叉车等机械，同时还可以作牵引车用，是一种适应性较强的一机多用的工程机械，如图3-18所示。

图3-16　轮胎式装载机

图3-17　履带式装载机

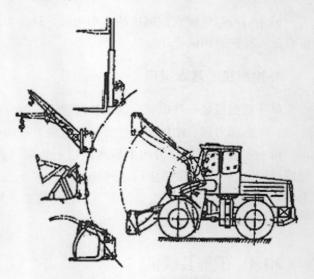

图3-18　装载机可更换不同的工作装置

2. 装载机的分类

常用单斗装载机的分类及其特点、适用范围见表3-3。

表3-3 常用单斗装载机分类、特点及适用范围

分类形式	分 类	特点及适用范围
发动机功率	小型	功率小于74 kW
	中型	功率74 ~ 147 kW
	大型	功率148 ~ 515 kW
	特大型	功率大于515 kW
传动形式	机械传动	结构简单、制造容易、成本低、使用维修较容易。传动系统冲击振动大，功率利用差，仅小型装载机采用
	液力-机械传动	传动系统冲击振动小、传动件寿命长，车速随外载自动调节，操作方便，减少司机疲劳。大中型装载机多采用
	液压传动	无级调速、操作简单，起动性差、液压元件寿命较短。仅小型装载机上采用
	电传动	无级调速、工作可靠、维修简单，设备质量大、费用高。大型装载机上采用
行走系统结构	轮胎式装载机 （1）铰接式 （2）整体式车架装载机	质量轻、速度快、机动灵活、效率高、不易损坏路面。接地比压大、通过性差、稳定性差，对场地和物料块度有一定要求，应用范围广泛，转弯半径小，纵向稳定性好，生产率高。不但适用于路面，而且可用于井下物料的装载运输作业。车架是一个整体，转向方式有后轮转向、全轮转向、前轮转向及差速转向。仅小型全液压驱动和大型电动装载机采用
	履带式装载机	接地比压小、通过性好、重心低、稳定性好、附着性能好、牵引力大、比切入力大，速度低、灵活机动性差、制造成本高，行走时易损坏路面，转移场地需拖运。适用于工程量大、作业点集中、路面条件差的场合
装载方式	前卸式	前端铲装卸载，结构简单、工作可靠、视野好。适用于各种作业场地，应用广
	回转式	工作装置安装在可回转90° ~ 360° 的转台上，侧面卸载不需要调车，作业效率高；结构复杂，质量大、成本高、侧稳性差。适用于狭小的场地作业
	后卸式	前端装料，后端卸料，作业效率高，作业安全性差，应用不广

3. 装载机的主要结构

（1）总体结构。

轮胎式装载机由动力装置、车架、行走装置、传动系统、转向系统、制动系统、液压系统和工作装置等组成，其结构简图如图3-19所示。轮胎式装载机采用柴油机为动力装

置，液力变矩、动力换挡变速箱、双桥驱动组成的液力机械式传动系统（小型轮胎式装载机械传动），液压操纵，铰接式车架转向，反转连杆机构的工作装置（转斗油缸的缸杆伸缩方向和铲斗的转向相反，故称之为反转连杆机构）。

履带式装载机以专用底盘或工业拖拉机为基础车，装上工作装置并配装相应的操纵系统而构成，如图3-20所示。其动力装置也是柴油机，机械式传动系统则采用液压助力湿式离合器和湿式双向液压操纵转向离合器以及正转连杆机构的工作装置（转斗油缸的缸杆伸缩方向和铲斗的转向相同，故称之为正转连杆机构）。

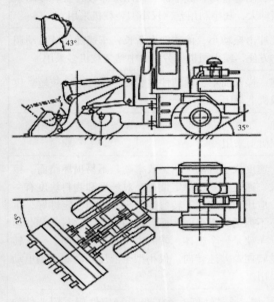

图3-19 轮胎式装载机主要结构

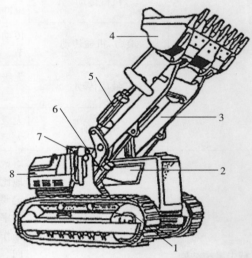

图3-20 履带式装载机主要结构
1—行走机构；2—发动机；3—动臂；4—铲斗；
5—铲斗油缸；6—动臂油缸；7—驾驶室；8—油箱

（2）工作装置。

装载机的铲掘和装卸物料作业是通过其工作装置的运动来实现的。如图3-21所示。装载机的工作装置由铲斗1、动臂2、连杆3、摇臂4和转斗油缸5、动臂油缸6等组成。整个工作装置铰接在车架7上。铲斗通过连杆和摇臂与转斗油缸铰接，用以装卸物料。动臂与车架、动臂油缸铰接，用以升降铲斗。铲斗的翻转和动臂的升降采用液压操纵。图3-22为装载机工作装置实物图。

装载机作业时工作装置应能保证：当转斗油缸闭锁、动臂油缸举升

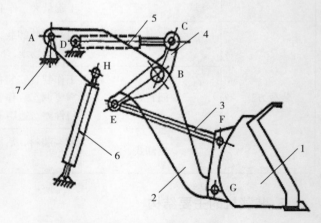

图3-21 装载机工作装置
1—铲斗；2—动臂；3—连杆；4—摇臂；
5—转斗油缸；6—动臂油缸；7—车架

或降落时,连杆机构使铲斗上下平动或接近平动,以免铲斗倾斜而撒落物料;当动臂处于任何位置、铲斗绕动臂铰点转动进行卸料时,铲斗倾斜角不小于45°,卸料后动臂下降时又能使铲斗自动放平。

图3-22 装载机工作装置实物图

4. 装载机的基本运用

单斗装载机的基本作业循环由铲装、移运、卸载、回程等四个过程组成。

(1)铲装过程:装载机驶近料堆1~1.5 m处时放下铲斗,并以3°~7°的切削角插入料堆少许,在加大发动机油门的同时,逐渐后倾铲斗及提升铲斗将物料铲入斗内。

(2)移运过程:装载机倒挡行驶离开料堆,驶向卸料地点,在此过程中保持铲斗离地面30~40 cm的高度。

(3)卸载过程:将铲斗举升至卸载高度,转动铲斗将其内的物料倾卸。

(4)回程过程:装载机倒挡行驶离开卸料地点,同时逐渐放下铲斗,准备进行下一工作循环。

3.1.5 了解平地机

1. 平地机的用途

平地机(见图3-23)是用铲刀(刮土板)对土壤进行刮削、平整和摊铺的土方作业机

图3-23 平地机

械。其主要用途是：修整路基的横断面和边坡；开挖三角形或梯形断面的边沟；从两侧取土填筑不高于1 m的路堤。此外，平地机还可以用来进行在路基上拌和路面材料并将其铺平、修整及养护土路、清除杂草和扫雪等作业。它具有高效能、高清度的平面刮削、平整作业能力，是土方工程机械化施工中一种重要的工程机械。

2. 平地机的分类

自行式平地机的分类方法很多：按操纵方式的不同，可分为机械操纵式和液压操纵式两种；按车轮数目的不同，可分为四轮式和六轮式两种；按车轮驱动情况的不同，可分为后轮驱动式和全轮驱动式两种；按车轮转向情况的不同，可分为前轮转向式和全轮转向式两种；按发动机功率和刮刀长度的不同，可分为轻型、中型和重型三种，如表3-4所示。

表3-4　轻、中、重型平地机刮刀长度和发动机功率

平地机类型	刮刀长度/m	发动机功率/kW
轻型	2.5 ~ 3.0	26 ~ 30
中型	3.0 ~ 3.6	37 ~ 45
重型	3.6 ~ 4.3	52 ~ 81

自行式平地机的表示方法是：车轮总对数（总轴数）×驱动轮对数（轴数）×转向轮对数（轴数）。如六轮3×2×1，即为前轮转向，中、后轮驱动。

3. 平地机的主要结构

（1）平地机总体构造。

平地机主要由发动机、传动系统、制动系统、转向系统、行走系统、车架、工作装置、操纵系统及电气系统等组成，其基本结构如图3-24所示。

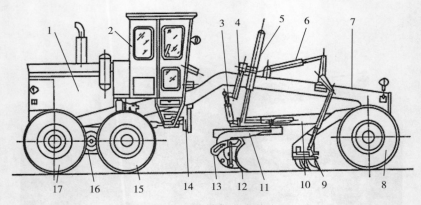

图3-24　平地机基本结构

1—发动机；2—驾驶室；3—牵引架引出油缸；4—摆架机构；5—升降油缸；6—松土器收放油缸；
7—车架；8—前轮；9—松土器；10—牵引架；11—回转圈；12—刮刀；13—角位器；
14—传动系统；15—中轮；16—平衡箱；17—后轮

（2）工作装置。

平地机刮土工作装置的结构如图3-25所示，主要由刮刀9、回转圈12、回转驱动装置4、牵引架5、角位器1及几个液压缸等组成。牵引架的前端与机架铰接，可在任意方向转动和摆动。回转圈支承在牵引架上，在回转驱动装置的驱动下绕牵引架转动，并带动刮刀回转。刮刀背面上的两条滑轨支承在两侧角位器的滑槽上，可以在刮刀侧移油缸11的推动下侧向滑动。角位器与回转圈耳板下端铰接，上端用螺母2固定，松开螺母时角位器可以摆动，并带动刮刀改变切削角（铲土角）。

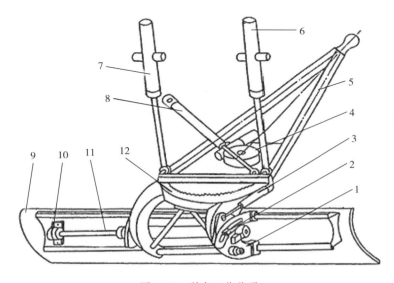

图3-25 刮土工作装置

1—角位器；2—紧固螺母；3—切削角调节油缸；4—回转驱动装置；5—牵引架；6、7—左右升降油缸
8—牵引架引出油缸；9—刮刀；10—油缸头铰接支座；11—刮刀侧移油缸；12—回转圈

4. 平地机的基本运用

平地机是一种连续作业的土方工程机械，它在作业时，铲土、运土和卸土三道施工程序是连续进行的。下面以修整路型为例来介绍平地机的作业过程，如图3-26所示。作业

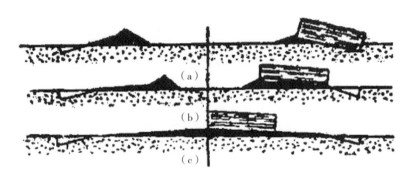

图3-26 平地机修整路型施工工序示意图

（a）铲挖；（b）侧向移土；（c）整平

前，应根据土质的不同调整好刮刀的铲土角和平面角，然后先从路堤的一侧慢速前驶，同时将刮刀倾斜，使其前置端切入土中。这时被切下的土壤沿刮刀侧卸于路基，如图3-26（a）所示。当前驶至路段终了时，掉头从另一侧照上述方法施工回来，这是铲土过程；按原来的环形路线将已铲挖的土堆逐次移向路中心，这是移土过程，如图3-26（b）所示。最后刮平遗土并修整路拱，这是整平过程，如图3-26（c）所示。

任务3.2　了解压实机械

1.用　途

压实机械是利用机械自重、振动或冲击等方法，对被压实材料重复加载，克服其黏聚力和内摩擦力，排出气体和多余的水分，迫使材料颗粒之间产生位移，相互楔紧，增加密实度，以达到必需的强度、稳定性和平整度的要求，以便运行机械在行驶时，在动载荷的作用下不至于被雨水、风雪侵蚀而破坏，从而保证运行机械的正常运行和道路的使用寿命。压实机械广泛用于公路、铁路路基、城市道路、机场跑道、堤坝及建筑物基础等工程建设的压实作业。

2.分　类

（1）按工作机构的作用原理分。

①滚压：碾压滚轮沿被压材料滚动运行。它包括各种型号的光轮压路机、轮胎压路机、羊脚压路机及各种拖式压路机等。

②振动：碾压滚轮给被压材料短时间的连续脉动冲击。它包括各种拖式和自行式振动压路机。

③夯实：以压实构件对被压材料的周期撞击，达到压实的目的。它包括各种内燃式和电动式夯土机等。

④振动夯实：除具有冲击夯实力外，还有振动力同时作用于被压材料。这类机械包括振动平板夯和快速冲击夯等。

（2）按行走方式分。

压实机械按其行走方式可分为拖式压路机和自行式压路机两类。

（3）按碾压轮的结构型式分。

压实机械按其碾压轮的结构型式可分为光轮压路机、羊脚碾和充气轮胎式压路机等。

根据JB标准，国产压实机械的分类见表3-5。

表3-5 压实机械的分类

类 别	种 别	型 式	特 性	代 号	代号含义	主参数	
						名 称	单 位
压实机械	光轮压路机Y（压）	拖式		Y	拖式压路机（简称平碾）	加载后质量	t
		两轮自行式	Y（液）	2Y	两轮压路机（简称压路扒）	结构质量加载后质量	t
				2YY	液压（转向）压路机（简称压路机）	结构质量加载后质量	t
		三轮自行式	Y（液）	3Y	三轮压路机（简称压路机）	结构质量加载后质量	t
				3YY	三轮液压（转向）压路机（简称压路机）	结构质量加载后质量	t
	羊脚压路机YJ（压、脚）	拖式自行式	T（拖）	YJT	拖式羊脚压路机（简称关脚碾）	加载总质量	t
				YJ	自行式羊脚压路机（简称羊脚碾）	加载总质量	t
	轮胎压路机YL（压、轮）	拖式自行式	T（拖）	YLT	拖式轮胎压路机（简称轮胎碾）	加载总质量	t
				YL	自行式轮胎压路机（简称轮胎碾）	加载总质量	t
	振动压路机YZ（压、振）	拖式拖式自行式手扶式	Z（振）T（振）B（摆）J（铰）F（手扶）S	YZZ	拖式振动羊脚压路机（简称振动羊脚碾）	加载总质量	t
				YZT	拖式振动压路机（简称振动碾）	结构质量	t
				YZ	自行式振动压路机	结构质量	t
				YZB	摆振压路机	结构质量	t
				YZJ	铰接式振动压路机	结构质量	t
				YZF	手扶式振动压路机	结构质量	kg
	夯实机H（夯）	内燃式振动冲击式蛙式		HB	内燃式夯实机	结构质量	kg
				HZ	振动冲击式夯实机	结构质量	kg
				Hw	蛙式夯实机	结构质量	kg

3.2.1 了解静力式光轮压路机

1. 作 用

静力式光轮压路机（如图3-27所示）对铺筑层的压实是依靠本身的重力来实现的，其工作过程是沿作业面前进与后退反复地滚动，使被压实土壤达到足够的密实度和表面平整度，使铺筑层具有一定的承载能力和使用寿命。

图3-27 静力式光轮压路机

2. 分 类

（1）按滚轮及轮轴数。

自行式静力光轮压路机按滚轮及轮轴数可分为二轮二轴式、三轮二轴式和三轮三轴式等三种，如图3-28所示。目前国产的自行式静力光轮压路机中，只有二轮二轴式和三轮二轴式两种。

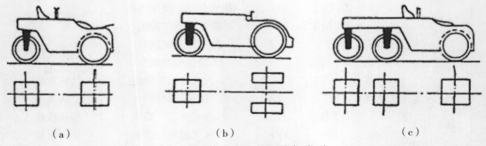

（a）　　　　　　　　　（b）　　　　　　　　　（c）

图3-28 静力式光轮压路机类型

（a）二轮二轴式；（b）三轮二轴式；（c）三轮三轴式

（2）按整机质量。

按整机质量，自行式静力光轮压路机可分为小型、轻型、中型和重型等四种。质量为3~5 t的二轮二轴式属小型压路机，主要用于路面养护、人行道的压实等；质量为5~8 t的属轻型，多为二轮二轴式，适宜于压实路面、人行道、广场等；质量为8~10 t的属中型，有二轮二轴式和三轮二轴式两种，前者多用于压实与整平各种路面，后者多用于压实路基、地基以及初压铺筑层；质量为10~15 t、18~20 t的属重型，有三轮二轴式和三轮三轴式两种，前者用于最终压实路基，后者用于最后压实与整平各类路面与路基，尤其适合于压实与整平沥青混凝土路面。

上述的质量划分和适用范围是通常而论，并无严格的界限。

3. 主体结构

所有静力式光轮压路机都是由发动机、传动系统、行走系统和操纵机构等组成，其结构保证该压路机具有在碾压作业时速度缓慢，在作业地段终点时又能迅速掉头等性能，以免造成局部凹陷和使压实层产生波纹等。因此，在所有的静力式光轮压路机的传动系统中都有一定挡位的变速箱和换向机构。

3.2.2　了解轮胎式压路机

1. 作　用

轮胎式压路机（如图3-29所示）是利用充气橡胶轮胎与铺筑材料接触，并对其施加压实力来进行压实作业的。压实力包括垂直压实力和水平压实力，它们沿各个方向移动铺筑材料的颗粒，再加弹性橡胶（轮胎）对铺筑材料的揉搓作用，因而可得到极好的压实效果。

图3-29　轮胎式压路机

与静力式光轮压路机比较，在相同的作业速度下，充气轮胎滚压时铺层压应力状态的延续时间要长得多，因而压实所需的碾压遍数少；压实力足够大时轮胎与铺层的接触面积愈大，则铺层压实的影响深度愈深，压实可能性也愈大；在相同重力载荷下，充气轮胎的最大压应力比光轮的小，铺层表面的承载力因而也比较小，这样可使下层材料得到很好的压实；充气轮胎多遍碾压时，铺层变形减小，强度提高，并使轮胎的接触面减小，压应力增大（压实终了压应力为第一遍碾压时的1.5~2倍）。同时，充气轮胎的滚动阻力也随铺层变形的减少而减小，这可改善轮胎压路机的碾压效率和压实质量。

轮胎压路机可以对各种铺筑材料（黏性的和非黏性的）进行碾压，更适合于沥青混合料铺层的压实，因此它广泛用于各类建筑基础、路基和路面的压实施工。

2. 分 类

按轮胎悬挂方式，轮胎压路机可分为刚性悬挂式和独立悬挂式两种。前者是几个轮胎成对地一排安装，其结构简单，但是，当压路机沿不平路面行驶或作业时，个别轮胎会发生超载，其结果不能保证沿被压宽度的铺层均匀压实；后者是借助液压、气压或机械装置使每个轮胎独立悬挂，使其不但有垂直方向的位移，而且还可以侧向摆动，可以使各个轮胎的负载均匀，铺层得到均匀的压实。

3. 总体结构

自行式轮胎压路机由发动机、传动系统、行走系统和操纵系统等组成，其总体结构如图3-30所示。该压路机属于多个轮胎整体受载式。轮胎采用交错布置的方案，即前、后车轮分别并列成一排，前、后轮迹相互叉开，由后轮压实前轮的漏压部分。在压路机的前面装有四个转向轮（从动轮），后面装有五个驱动轮，它们均是采用耐热、耐油橡胶制成的光面轮胎，以保证被压铺层的平整度。

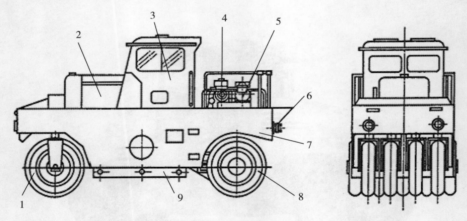

图3-30 轮胎式压路机总体结构

1—转向轮；2—发动机；3—驾驶室；4—水泵用汽油机；5—水泵；
6—拖挂装置；7—机架；8—驱动轮；9—配重

3.2.3 了解振动压路机

1. 作 用

振动压路机（如图3-31）是利用偏心轴高速旋转时产生的离心力作用而对材料进行振动压实的，在各项工程建设中，用于压实各种土壤（多为非黏性）、碎石、沥青混合料等。公路工程施工中多用于路基、路面的压实。

图3-31　轮胎驱动振动压路机

2. 分　类

振动压路机的分类方法很多，可按照结构型式、结构质量、传动方式、行驶方式、振动轮数、振动激励方式等进行分类。例如表3-6所示为按结构型式将振动压路机分为自行式、拖式、手扶式、垂直振动式及振荡式等。表3-7所示为按结构质量分类的振动压路机的特点和适用范围。

表3-6　振动压路机按结构型式分类

自行式振动压路机	轮胎驱动光轮振动压路机 轮胎驱动凸块振动压路机 钢轮轮胎组合振动压路机 两轮串联振动压路机 两轮并联振动压路机 四轮振动压路机	手扶式振动压路机	单扶式单轮振动压路机 手扶式双轮整体式振动压路机 手扶式双轮铰接式振动压路机
拖式振动压路机	拖式光轮振动压路机 拖式凸块振动压路机 拖式羊足振动压路机 拖式格栅振动压路机	新型振动压路机	振荡压路机 垂直振动压路机

表3-7　振动压路机特点及适用范围

振动压路机	结构质量 / t	发动机功率 / kW	适用范围
轻型	<1	<10	狭窄地带和小型工程
小型	1 ~ 4	12 ~ 34	用于修补工作、内槽填土等
中型	5 ~ 8	40 ~ 65	基层、底基层和面层
重型	10 ~ 14	78 ~ 110	用于街道、公路、机场等
超重型	16 ~ 25	120 ~ 188	用于公路、土坝筑堤等

3. 总体结构

振动压路机总体结构随机型而异。以自行式振动压路机为例，总体结构一般由发动机、机架、振动轮、驱动轮、驾驶室及铰接轴等组成。轮胎驱动铰接式振动压路机总体结构如图3-32所示。

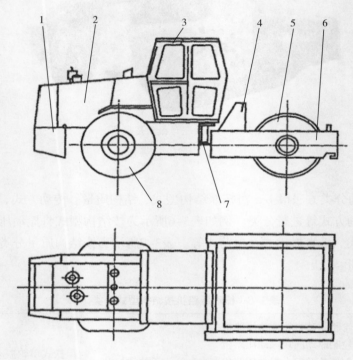

图3-32　轮胎驱动铰接式振动压路机
1—后机架；2—发动机；3—驾驶室；4—挡板；5—振动轮；6—前机架；7—铰接轴；8—驱动轮

3.2.4　了解振荡压路机

振荡压路机是在振动压路机的基础上发展起来的一种新型压实机械。

上述振动压路机比静力式光轮压路机的碾压遍数少、压实效果好。然而，振动轮在铺层上垂直往复跳动，会引起表层被压材料随滚轮一起跳动。由于滚轮与铺层表面并非始终紧密挤触，在激振力的周期性冲击下，与下层压实效果相反，其上层会出现松弛状态，甚至引起表层土壤结构松散，这是振动压路机在多数情况下表现出来的碾压特性。此外，振动压路机在一定的作业条件下，激振力较大，土壤接近压实时，由于振动轮的冲击，表层粗粒材料会被击碎，影响压实效果；振动降低了操作人员的舒适性，增加了压路机的故障率，造成对周围环境的污染，在一定程度上限制了振动压路机的作业范围。

为了消除振动压路机的冲击振动带来的不良影响，一些工业发达国家先后开始探索新的压实理论。首先提出振荡压实理论的是瑞典乔戴纳米克（Geodynamik）咨询研究公司。

1982年，德国海姆（Hamm）公司开始研制振荡压路机，并于1984年进入销售市场。目前，德国和日本已批量生产振荡压路机。

振荡压实是利用振荡碾滚内的偏心机构激发的振荡压力波（见图3-33），使铺筑材料在水平面内承受连续、交变剪切作用，土壤将沿剪切力的方向产生急剧变形，剪切面滑移错位，铺筑材料的颗粒将互相填充、重新排列、嵌合楔紧，达到稳定的密实状态。因此，在反复循环的水平剪切应变和振荡压路机静荷载的共同作用下，在水平和垂直平面内同时压实土壤。

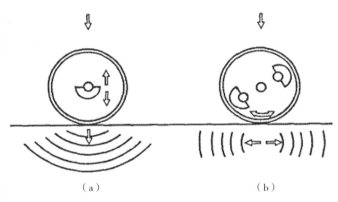

图3-33　振动压实与振荡压实原理
（a）振动压实；（b）振荡压实

振荡轮产生的振荡压力波是向滚轮前后的水平方向传播的，振动能量集中在被压材料的上层，避免了垂直冲击振动造成的能量损耗。此外，振荡压力波的传播特性削弱了机械强迫振动对压路机的振动危害和对周围环境的影响。例如，酒井重工研究所进行了振荡压路机与振动压路机的噪声对比测试，测得结果是：距振动压路机一侧1 m处的噪声为95 dB（A），而振荡压路机的只有65 dB（A）。振荡压路机不但改善了驾驶操作条件，也改善了周围的作业环境，便于进行城市道路和居民集中区内的施工作业。

振荡压路机降低了发动机功率的消耗，有利于优化人机工程，减少零部件尺寸和质量，降低压路机制造和使用成本，有益于保护人体健康和延长压路机的使用寿命。因此，振荡压路机是发展前景广阔的压实机械。

3.2.5　了解夯实机械

1. 用　途

夯实机械是利用冲击力使铺层压实的机械。适用于黏性土和非黏性土的夯实作业，夯实厚度可达1~1.5 m。它广泛应用于公路、铁路、建筑、水利等基础工程中。例如，在公路修筑施工中，可用在桥背、涵侧的路基夯实，路面坑槽的振实以及路面养护的夯实、平整等。

2.分 类

夯实机械可按冲击能量、结构和工作原理等进行分类。

（1）按夯实冲击能量大小，夯实机械可分为轻型（0.8~1 kN·m）、中型（1~10 kN·m）和重型（10~50 kN·m）等三种。

（2）按结构和工作原理，夯实机械可分为内燃式夯实机、振动（平板）冲击式夯实机和蛙式夯实机等。

①内燃式夯实机：是利用燃料燃烧爆炸产生的冲击力来进行夯实作业的。其工作原理与两冲程内燃机相同，一般由内燃机、夯轴、夯板、油箱组成。适用于狭窄场地，包括路基边缘、桥梁涵洞回填压实等，公路街道和人行道路基压实或各种管道沟槽周围及上部的地基压实作业。其外形如图3-34所示。

②振动（平板）冲击式夯实机（简称振动平板夯）：是利用激振器产生的振动能量对铺层进行压实作业，在工程量不大、场地狭窄等条件下得到广泛使用。振动平板夯的结构如图3-35所示，它由发动机5、夯板1、激振器2和弹簧悬挂7等组成。

图3-34　内燃式冲击夯

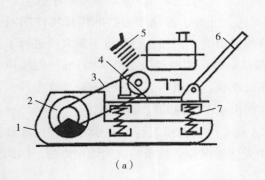

（a）

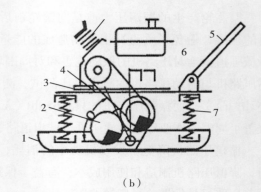

（b）

图3-35　振动（平板）式夯实机结构原理
（a）非定向振动式；（b）定向振动式

1—夯板；2—激振器；3—皮带；4—发动机座；5—发动机；6—扶手；7—弹簧悬挂

振动平板夯分非定向振动式和定向振动式两种型式。动力由发动机经皮带传给偏心块式激振器，由激振器产生的偏心力矩带动夯板以一定的振幅和激振力振实铺筑材料。非定向振动平板夯是依靠激振器产生的水平分力自动前移，定向振动平板夯是依靠两个激振器壳体中心（两激振器中心）所处位置的不同，使振动平板原地垂直振动或在总离心力的水平分力作用下做水平移动。振动平板夯的隔振元件是弹簧悬挂。

③蛙式夯实机：是利用偏心块旋转产生离心力的冲击作用进行夯实作业的一种小型

夯实机械，它结构简单，工作可靠，操作容易，广泛应用于公路、建筑、水利等施工工程。如图3-36所示。

图3-36　蛙式夯实机

任务3.3　了解通用石方工程机械

在工程施工中，除了有土方的挖填任务外，还有石方的挖填任务。开采和加工石料的机械设备称为石方工程机械。石方工程机械主要有凿岩机、空气压缩机、破碎机和筛分机等。下面介绍工程施工中常用的空气压缩机、凿岩机和破碎机。

3.3.1　了解凿岩机械

1. 用　途

在施工作业中，凿岩机械主要是用在坚硬岩石中钻凿炮孔，是石方工程施工的关键设备。凿岩机械的工作对象是岩石，在石方工程施工中，通常是采用凿岩爆破法将岩石从岩体上崩落下来。该机械主要适用于钻凿孔径小于80 mm的炮孔，在中、小量石方工程中使用较多。而凿岩机的配套设备——空气压缩机则是各种风动机具（风动凿岩机）的动力来源。

2. 分　类

根据采用动力的不同，凿岩机可分为风动凿岩机、液压凿岩机、内燃凿岩机和电动凿岩机等。在石方工程中以风动凿岩机应用最为广泛。

风动凿岩机按推进方式和用途可分为以下几种：

（1）手持式凿岩机。它重量较轻，依靠人力推进，能钻水平、垂直向下及倾斜向下的炮孔，是浅孔凿岩的主要机械。

（2）气腿式凿岩机。它在凿岩时安装在起支撑和推进作用的气腿上，适用于钻凿水平、倾斜向下和稍倾斜向上的炮孔。

（3）向上式凿岩机。它带有能轴向伸缩并与凿岩机连成一体的气缸，专门用于钻凿向上的炮孔和隧洞开挖。

（4）导轨式凿岩机（见图3-37）。它重量大，需安装在凿岩台车或柱架的导轨上，总称钻车。这类凿岩机用于深孔凿岩，是石方工程最重要的凿岩机械。

图3-37 导轨式凿岩机

3. 主要结构及工作原理（以风动凿岩机为例）

风动凿岩机实际上是一种双作用的活塞式风动工具，它的工作原理如图3-38所示。压缩空气从储气筒经管路进入凿岩机的机体，再通过配气机构的作用，使压缩空气交替地进入气缸2的两端。与此同时，气缸两端由于配气机构的作用而交替排气。在气缸两腔压力差的作用下，活塞1在气缸中往复运动，冲击钢钎3进行凿岩作业。

当配气机构将气缸上端的进气门 a 和下端的排气门d同时开启时，气缸上端进气而下端排气，于是压缩空气便推动活塞1下行，并冲击钢钎3凿击岩石。将岩石击碎一小块，岩层便出现一个凹坑，其深度为 h。此行程为凿岩行程，简称冲程，如图3-38（a）所示。

当配气机构改变原来的配气位置，即关闭气缸上端的进气门a和下端的排气门 d，而开启其下端的进气门c和上端的排气门b时，这时气缸的下端进气而上端排气，于是压缩空气就推动活塞上行，并为下一个凿岩行程做准备。此过程为返回行程，简称回程，如图3-38（b）所示。

活塞在气缸内往复一次，就完成了凿岩和返回一个工作循环。在回程中，通过钢钎回转机构将钢纤回转一个小角度，以便下一个冲程可以转一

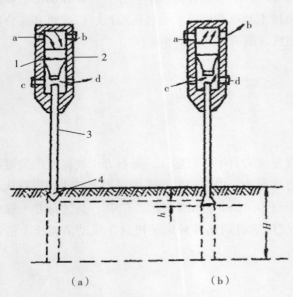

（a）　　　　　　（b）

图3-38 风动凿岩机的工作原理

（a）冲程；（b）回程

1—活塞；2—气缸；3—钢钎；4—钎头；
a—上进气门；b—上排气门；c—下进气门；d—下排气门

个角度凿击。当钢钎回转一圈时，就可在岩层上按钎头的横断面尺寸凿进一个深度为h的圆孔。这样，活塞不断地进行往复运动，钢钎就如此不断地凿击岩层，直到所需要的深度为止。

在凿击岩层的过程中，孔内的石粉会越积越多，最终形成粉垫而影响凿击效能。因此，凿岩机还装有专门用来冲洗孔内石粉的冲洗设备。冲洗设备有干式和湿式之分，干式冲洗设备是利用压缩空气沿缸壁内的气道，经活塞杆和钢钎的中心孔直达孔底，吹洗干净孔底的石粉。这种吹洗工作需经常进行。由于在工作中频繁地吹洗石粉，使得施工现场粉尘飞扬，影响工人的身体健康。因此，目前大多数凿岩机都改用湿式冲洗法（用高压水冲洗）冲洗孔中的石粉。

3.3.2　了解空气压缩机

1. 用　途

空气压缩机（如图3-39所示）是一种以内燃机或电动机作为动力，将空气压缩成高压空气的机械。由空压机产生的压缩空气是各种风动机具的动力来源，可驱动凿岩机穿凿爆破孔，驱动气镐和气锹疏松硬土、冻土和破除冰块，驱动带锯和圆锯进行木材的开采和加工，以及驱动混凝土振捣器捣固混凝土等。因此，有时又将空压机称为动力机械。

图3-39　空气压缩机

2. 分　类

空气压缩机按其工作原理的不同，可分为往复式和旋转式两大类型。往复式空压机又称活塞式空压机，它是依靠活塞在气缸中的往复运动来产生压缩空气的，目前在工程中应用很普遍。

旋转式空压机是一种新型产品，目前使用较多的有旋转滑片式和旋转螺杆式两种形式。它们利用旋转的滑片或螺杆通过容积的变化将空气不断地吸入、压缩和排出。旋转式空压机具有体积小、重量轻、结构简单、维修方便等优点，是今后空压机的发展方向。

3. 工作原理

空压机的工作原理是通过容积的变化将自由空气压缩成压缩空气。在工程中，活塞式空压机和螺杆式空压机使用极为广泛，下面介绍这两种空压机。

（1）单级活塞式空压机的工作原理：

图3-40所示为单级活塞式空压机的工作原理图。当活塞由气缸的上止点向下止点移动时，如图3-40（a）所示，气缸内的容积增大，缸内压力下降。当缸内压力低于外界大气压力时，外界的空气在气缸内外压力差的作用下，克服弹簧的张力推开进气阀而进入气缸（这时出气阀关闭）。当活塞移到下止点时，气缸内充满空气，其压力与外界大气压力相等。由于气缸内外压力平衡，气门弹簧便将进气阀弹回而关闭，于是完成了吸气过程。

当活塞由气缸下止点向上止点移动时，如图3-40（b）所示，这时由于进、出气阀均关闭，气缸内的空气受到压缩。随着活塞的上移，气缸的容积不断变小，被压缩的空气压力也就越来越高。此过程称为压缩过程。

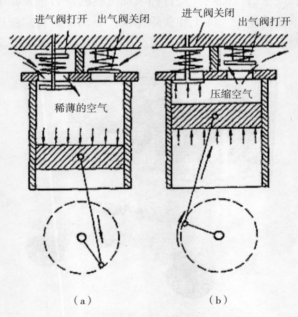

图3-40　单级活塞式空压机的工作原理图

（a）活塞由气缸的上止点向下止点移动；（b）活塞由气缸的下止点向上止点移动

当被压缩的气体压力超过气门弹簧的张力与出气管内压力的合力时，出气阀就被顶开，压缩空气从出气管排出，直至活塞到达上止点为止。这时由于气缸内的压缩空气绝大部分被排出，气压急剧下降，于是排气阀在其弹簧的张力作用下又将气缸关闭。此过程称为排气过程。

当活塞再由上止点向下止点移动时，新鲜空气又被吸入气缸，开始下一个吸气过程。活塞式空压机就是这样吸气、压缩和排气，周而复始地进行循环工作。

单级活塞式空压机出来的压缩空气温度较高，这是由于在压缩过程中，空气分子内能增加所致。高温的压缩空气会对空压机的使用性能产生影响，因此，在大、中排气量而供气压力在700 kPa以上的空压机上，几乎都是采用两级或多级压缩；在一、二级压缩之间增设冷却器，以降低压缩空气的温度，减少压缩所耗费的能量。冷却器有水冷和风冷两种，水冷却器的结构较复杂，重量也大，故大多用在固定式空压机上，而移动式空压机多采用风冷却器。

（2）螺杆式空压机原理：

螺杆式压缩机气缸内装有一对互相啮合的螺旋形阴阳转子，两转子都有几个凹形齿，两者互相反向旋转。转子之间和机壳与转子之间的间隙仅为5～10丝，主转子（称阳转子或凸转子）通过发动机或电动机驱动（多数为电动机驱动），另一转子（称阴转子或凹转子）是由主转子通过喷油形成的油膜进行驱动，或由主转子端和凹转子端的同步齿轮驱动。所以驱动中没有金属接触（理论上）。

转子的长度和直径决定压缩机排气量（流量）和排气压力，转子越长，压力越高；转子直径越大，流量越大。

螺旋转子凹槽经过吸气口时充满气体。当转子旋转时，转子凹槽被机壳壁封闭，形成压缩腔室，当转子凹槽封闭后，润滑油被喷入压缩腔室，起密封、冷却和润滑作用。当转子旋转压缩润滑剂+气体（简称油气混合物）时，压缩腔室容积减小，向排气口压缩油气混合物。当压缩腔室经过排气口时，油气混合物从压缩机排出，完成一个吸气—压缩—排气过程。如图3-41所示。

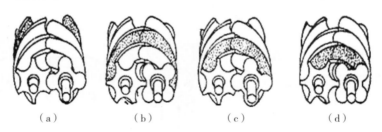

图3-41　螺杆式空气压缩机工作原理图
（a）吸气过程；（b）压缩过程开始；（c）开始排气；（d）排气过程

螺杆机的每个转子由减摩轴承所支承，轴承由靠近转轴端部的端盖固定。进气端由滚柱轴承支承，排气端由一对圆锥滚柱轴承支撑，通常是排气端的轴承使转子定位，也就是止推轴承，抵抗轴向推力，承受径向载荷，并提供必需的轴向运行最小间隙。

工作循环可分为吸气、压缩和排气三个过程。随着转子旋转，每对相互啮合的齿相继完成相同的工作循环。

（3）螺杆式压缩机的优点：

螺杆式压缩机与活塞压缩机相同，都属于容积式压缩机。就使用效果来看，螺杆式压缩机有如下优点。

①可靠性高。螺杆压缩机零部件少，没有易损件，因而它运转可靠，寿命长。

②操作维护方便。螺杆压缩机自动化程度高，操作人员无须长时间的专业培训，可实现无人值守运转。

③动力平衡好。螺杆压缩机没有不平衡惯性力，机器可平稳地高速工作，可实现无基础运转，特别适合做移动式压缩机，体积小、重量轻、占地面积少。

④适应性强。螺杆压缩机具有强制输气的特点，容积流量几乎不受排气压力的影响，在宽阔的范围内能保持较高效率，在压缩机结构不做任何改变的情况下，适用于多种工况。

3.3.3　了解破碎及筛分机械

1. 用　途

破碎及筛分机械是加工生产各种规格碎石及砂料的机械设备，广泛应用于公路、建筑、水利和矿业等领域的施工中。

在道路的路面和基层修筑工程中，需要大量的碎石材料作为各种混凝土的骨料，或直接作为铺筑材料。例如，在水泥混凝土中骨料的质量占到其总质量的80％以上。因此，破碎及筛分机械是公路工程材料生产的基本设备之一。

2. 碎石机械

各种碎石机的破碎方式如图3-42所示。

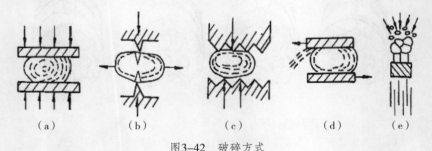

图3-42　破碎方式

（a）挤压；（b）劈裂；（c）折断；（d）磨碎；（e）冲击

按破碎方式和结构特点，碎石机械可分为颚式、锥式、锤式和滚筒式四大类，如图3-43所示。

颚式破碎机［见图3-43（a）］是利用活动颚板相对固定颚板的往复摆动对石块进行破碎的。这种破碎机可用于粗碎和中碎，它的优点是结构简单、外部尺寸小、破碎比较大（$i = 6 \sim 8$）、操作方便，因此，目前在筑路工程中使用非常广泛。

锥式破碎机［见图3-43（b）］是利用一个置于固定锥孔体内的偏心旋转锥体的转

动，使石块受挤压、研磨和弯折等作用而被破碎的。这种破碎机主要用于中碎和细碎。由于它没有空回行程，故生产率较高，动力消耗小。但因其结构较复杂、体积大、移动不方便，所以只适用于固定的大型采石场，在筑路工程中很少采用。

锤式破碎机〔见图3-43（c）〕是利用破碎锤来破碎石块的。破碎锤交错地安装在壳体内的一根横轴上，当原动机带动横轴旋转时，加入壳体内的石块就被各个破碎锤轮流地锤击而破碎。石块从壳体上口加入，被击碎后的石料成品从壳体的卸料隙口卸出。这种破碎机的结构较为简单，重量轻、体积小，能破碎硬度较大的石块。但由于其生产率不高，且石料成品的规格大小不一，含有很多的石屑和石粉等废品，故仅适用于养路工作的备料。

滚筒式破碎机〔见图3-43（d）〕是利用两个反向转动的平衡滚筒的相对运动将石料进行破碎的。它的结构简单，石料成品细而均匀。但因其进料尺寸不能过大、破碎比较小，因此很少单独使用，一般用于配合颚式破碎机做次碎工作。

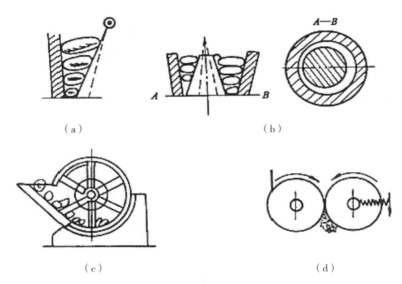

图3-43 各类破碎机工作简图
（a）颚式破碎机；（b）锥式破碎机；（c）锤式破碎机；（d）滚筒式破碎机

3. 筛分机械

筛分机械用于物料的分级，以及脱水、脱介等作业。筛分机械可以分为振动筛、滚筒筛和固定筛。其中振动筛具有结构简单、筛分效率高、不易堵塞、筛网面积小、耗电少等优点，因此，应用范围较广。普通振动筛的结构如图3-44所示。其工作原理是：当电动机通过V形皮带传动使激振器5的偏心块高速旋转时，激振器产生很大的惯性激振力，在其作用下，筛箱2产生振动，从而实现筛分作业。由于弹簧3的隔振作用，使机架的振动得到抑制。

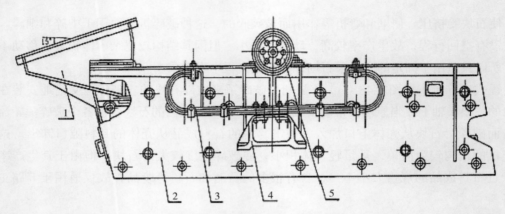

图3-44　普通振动筛的结构简图

1—进料槽；2—筛箱；3—弹簧片；4—机架；5—激振器

4. 联合碎石设备

联合碎石设备用于对大量岩石料连续完成破碎、传递、筛分及堆料等一系列生产工艺过程，是大型采石场的主要生产设备，有固定式和移动式两种类型。

固定式联合碎石设备适用于施工周期长、碎石料用量集中的大型工程，以及对石料的机械、物理、化学性能有特殊要求的工程。

移动式联合碎石设备适用于石料用量比较分散，并且经常需要转移场地的工程施工。在修筑公路、铁路的工程中，施工现场不断延伸，选用移动式联合碎石设备将会产生明显的经济效益。

移动式联合碎石设备的总体结构如图3-45所示。

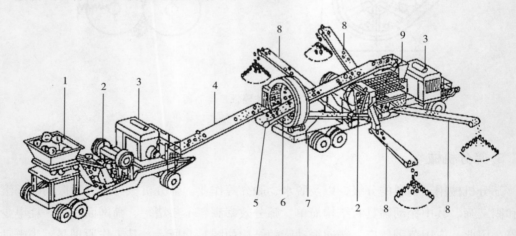

图3-45　移动式联合碎石设备结构简图

1—加料斗；2—碎石机；3—发电机组；4、8—输送带；5—加料输送带；

6—回转式提升机；7—回料输送带；8—振动筛

任务3.4 了解路面施工机械

路面施工机械是指在公路建设中完成路面材料的生产与施工的机械设备。由于路面是用多种材料铺筑成的多层建筑物，以及公路等级和地理位置的不同造成采用的筑路材料种类繁多，加之施工方法多样，因此路面工程施工机械的品种很多，其范围涉及较广。下面介绍工程施工中常用的几种公路路面工程专用机械，即主要用于修建路面的机械。

3.4.1 了解沥青混凝土搅拌设备

1. 用 途

沥青混凝土搅拌设备是生产拌制各种沥青混合料的机械装置，适用于公路、城市道路、机场、码头等工程建设。沥青混凝土搅拌设备的功能是将不同粒径的骨料和填料按规定的比例掺和在一起，用沥青做结合料，在规定的温度下拌和成均匀的混合料。常用的沥青混合料有沥青混凝土、沥青碎石、沥青砂等。沥青混凝土搅拌设备是沥青路面施工的关键设备之一，其性能直接影响到所铺筑的沥青路面的质量。

2. 分类、特点及适用范围

沥青混凝土搅拌设备的分类、特点及适用范围见表3-8。

表3-8 分类、特点及适用范围

分类形式	分 类	特点及适用范围
生产能力	小型 中型 大型	生产能力40 t/h以下 生产能力30～350 t/h 生产能力400 t/h以上
搬运方式	移动式 半固定式 固定式	装置在拖车上，可随施工地点转移，多用于公路施工 装置在几个拖车上，在施工地点拼装，多用于公路施工 不搬迁，又称沥青混凝土工厂，适用于集中工程、城市道路施工
工艺流程	间歇强制式 连续滚筒式	按我国目前规范要求，高等级公路建设应使用间歇强制式搅拌设备 连续滚筒式搅拌设备用于普通公路建设

3. 总体结构及工作原理

（1）间歇强制式沥青混凝土搅拌设备。

间歇强制式沥青混凝土搅拌设备总体结构如图3-46所示。其特点是初级配的冷骨料在干燥滚筒内采用逆流加热方式烘干加热，然后经过筛分计量（质量）在搅拌器中与按质量计量的石粉和热态沥青搅拌成沥青混合料。

由于结构的特点，间歇强制式搅拌设备能保证矿料的级配，矿料与沥青的比例可达到相当精确的程度，另外也易于根据需要随时变更矿料级配和油石比，所以拌制出的沥青混合料质量好，可满足各种施工要求。因此，这种设备在国内外使用较为普遍。其缺点是工艺流程长、设备庞杂、建设投资大、耗能高、搬迁困难、对除尘设备要求高（有时所配除尘设备的投资高达整个设备费用的30%~50%）。

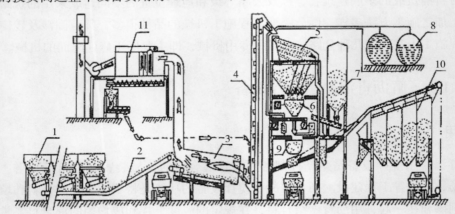

图3-46　间歇强制式沥青混凝土搅拌设备总体结构

1—冷骨料贮存及配料装置；2—冷骨料带式输送机；3—冷骨料烘干筒；4—热骨料提升机；

5—热骨料筛分及贮存装置；6—热骨料计量装置；7—石粉供给及计量装置；

8—沥青供给系统；9—搅拌器；10—成品料贮存仓；11—除尘装置

（2）连续滚筒式沥青混凝土搅拌设备。

连续滚筒式沥青混凝土搅拌设备的总体结构如图3-47所示。其特点是沥青混合料的制备在烘干滚筒中进行，即动态计量级配的冷骨料和石粉连续从干燥滚筒的前部进入，采用顺流加热方式烘干加热，然后在滚筒的后部与动态计量连续喷洒的热态沥青混合料，采取跌落搅拌方式连续搅拌出沥青混合料。

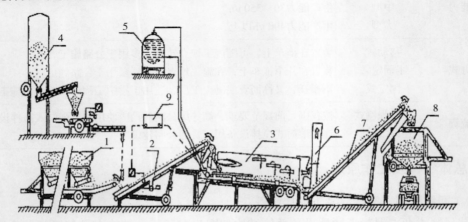

图3-47　连续滚筒式沥青混凝土搅拌设备总体结构

1—冷骨料贮存及配料装置；2—冷骨料带式输送机；3—干燥滚筒；4—石粉供给系统；

5—沥青供给系统；6—除尘装置；7—成品料输送机；8—成品料贮存仓；9—油石比控制仪

与间歇强制式搅拌设备相比，连续滚筒式搅拌设备工艺流程大为简化，设备也随之简化，不仅搬迁方便，而且制造成本、使用费用和动力消耗可分别降低15%~20%、5%~12%和25%~30%；另外，由于湿冷集料在干燥滚筒内烘干、加热后即被沥青裹敷，使细小粒料和粉尘难以逸出，因而易于达到环保标准。

3.4.2　了解沥青混凝土摊铺机

1. 用　途

沥青混凝土摊铺机（如图3–48）是沥青路面专用施工机械。它的作用是将拌制好的沥青混凝土材料均匀地摊铺在路面底基层或基层上，构成沥青混凝土基层或面层。摊铺机能够准确保证摊铺层厚度、宽度、路面拱度、平整度、密实度。因而广泛用于公路、城市道路、大型货场和机场等工程中的沥青混凝土摊铺作业，也可用于稳定材料和干硬性水泥混凝土材料的摊铺作业。

图3–48　沥青混凝土摊铺机

2. 分类、特点及适用范围

（1）按摊铺宽度，可分为小型、中型、大型和超大型四种。

小型最大摊铺宽度一般小于3600 mm，主要用于路面养护和城市巷道路面修筑工程。中型最大摊铺宽度在4000~6000 mm。主要用于一般公路路面的修筑和养护工程。大型最大摊铺宽度一般在7000~9000 mm之间，主要用于高等级公路路面工程。超大型最大摊铺宽度为12000 mm，主要用于高速公路路面施工。使用装有自动调平装置的超大型摊铺机摊铺路面，纵向接缝少，整体性及平整度好，尤其摊铺路面表层效果最佳。

（2）按走行方式，摊铺机分为履带式、轮胎式两种。

履带式摊铺机一般为大型摊铺机，其优点是接地比压小、附着力大，摊铺作业时很少出现打滑现象，运行平稳。其缺点是机动性差、对路基凸起物吸收能力差、弯道作业时铺层边缘圆滑程度较轮胎式摊铺机低，且结构复杂，制造成本较高。履带式摊铺机多为大型和超大型机，用于大型公路工程的施工。

轮胎式摊铺机靠轮胎支撑整机并提供附着力，它的优点是转移运行速度快、机动性好、对路基凸起物吸收能力强、弯道作业易形成圆滑边缘。其缺点是附着力小，在摊铺路幅较宽、铺层较厚的路面时易产生打滑现象，另外它对路基凹坑较敏感。轮胎式摊铺机主要用于道路修筑与养护作业。

（3）按动力传动方式，摊铺机分为机械式和液压式两种。

机械式摊铺机的行走驱动、输料传动、分料传动等主要传动机构都采用机械传动方式。这种摊铺机具有工作可靠、维修方便、传动效率高、制造成本低等优点，但其传动装置复杂，操作不方便，调速性和速度匹配性较差。

液压式摊铺机的行走驱动、输料和分料传动、熨平板延伸、熨平板和振捣器的振动等主要传动机构采用液压传动方式，从而使摊铺机结构简化、重量减轻、传动冲击和振动减缓、工作速度等性能稳定，并便于无级调速及采用电液全自动控制。随着液压传动技术可靠性的提高，在摊铺机上采用液压传动的比例迅速增加，并向全液压方向发展。全液压和以液压传动为主的摊铺机均设有电液自动调平装置，具有良好的使用性能和更高的摊铺质量，因而广泛应用于高等级公路路面施工。

（4）按熨平板的延伸方式，摊铺机分为机械加长式和液压伸缩式两种。

机械加长式熨平板是用螺栓把基本熨平板和若干加长熨平板组装成所需作业宽度的熨平板。其结构简单、整体刚度好、分料螺旋（亦采用机械加长）贯穿整个摊铺槽，使布料均匀。因而大型和超大型摊铺机一般采用机械加长式熨平板，最大摊铺宽度可达8000 ~ 12500 mm。

液压伸缩式熨平板靠液压缸伸缩无级调整其长度，使熨平板达到要求的摊铺宽度。这种熨平板调整方便省力，在摊铺宽度变化的路段施工更显示其优越性。但与机械加长式熨平板对比其整体刚性较差，调整不当时，基本熨平板和可伸缩熨平板间易产生铺层高差，可能造成混合料不均而影响摊铺质量。因而，其最大摊铺宽度不超过8000 mm。

（5）按熨平板的加热方式，分为电加热、液化石油气加热和燃油加热三种形式。

电加热式由专用发电机产生的电能来加热，这种加热方式加热均匀、使用方便、无污染，熨平板和振捣梁受热变形较小。液化石油气（主要用丙烷气）加热式结构简单，使用方便，但火焰加热欠均匀，污染环境，不安全，且燃气喷嘴需经常清洗。燃油（主要指轻柴油）加热式的燃油加热装置主要由小型燃油泵、喷油嘴、自动点火控制器和小型鼓风机等组成，其优点是可以用于各种工况，操作较方便，燃料易解决，但和燃气加热式一样有污染，且结构较复杂。

3. 总体结构及工作原理

沥青混凝土摊铺机规格型号较多，但其主要结构如图3-49所示，一般由发动机、传动系统、前料斗、刮板输送器、螺旋分料器、操纵控制系统、行走系统、熨平装置和自动调平装置等组成。

沥青混凝土摊铺机的工作过程见图3-49。混合料从自卸汽车上卸入摊铺机的料斗中，经刮板输送器输送到摊铺室，由螺旋摊铺器横向摊开，而后又被振捣器初步捣实，再由后面的熨平器（或振动熨平板）根据规定的摊铺层厚度修整成适当的横断面，并加以熨平（或振实熨平）。自卸汽车在卸料给摊铺机时，倒退到摊铺机前推辊，然后将变速器放置空挡，升起车厢，由摊铺机推着汽车一边前进一边卸料。卸料完毕，汽车驶开，更换另一辆汽车按同样方法卸料。混合料从料斗进入摊铺器的数量，可由装在刮板输送器上方的闸门来控制（机械传动）或由刮板输送器的速度来控制（液压传动）。摊铺层的厚度由两侧牵引臂上的悬挂油缸和熨平器调整螺旋来共同调整。

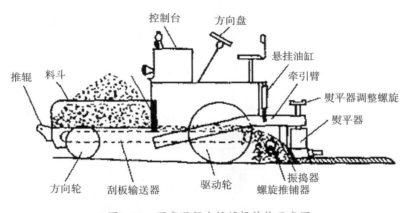

图3-49　沥青混凝土摊铺机结构示意图

3.4.3　了解水泥混凝土搅拌设备

1. 用　途

水泥混凝土搅拌设备是制备混凝土料的成套专用机械，其功能是将水泥混凝土的原材料——水泥、水、砂、石料和附加剂等，按预先设定的配合比，分别进行输送、上料、储存、配料、称量、搅拌和出料，生产出符合质量要求的成品混凝土。这种设备广泛用于道路、建筑、水坝、码头、机场等工程施工。

2. 分类、特点及适用范围

水泥混凝土搅拌设备，按其生产能力和自动化程度高低，可分为大、中、小型。按其现场安装和搬运方式，又可分为固定式搅拌设备和移动式搅拌设备。其中，固定式搅拌设备因其整体布置形式的不同，可分为垂直式和水平式两种；移动式搅拌设备因其移动的方式不同，可分为拆迁式、拖行式和集成式三种。

3. 主要结构及工作原理

水泥混凝土搅拌设备的类型和品种虽然很多，其结构组成和安装方式也不尽相同，但都是由上料机构、集料储存装置、计量装置、搅拌主机、卸料装置和辅助设备组合而成的。下面结合混凝土搅拌楼和混凝土搅拌站两种主要设备形式，概略介绍其有关结构及工作原理。

一般混凝土搅拌楼主要由皮带输送机、水平螺旋输送机、斗式提升机、回转配料器、骨料仓、水泥筒仓、骨料称量斗、称水器、搅拌机、成品料储存斗、控制台和其他辅助装置组成。立式水泥混凝土搅拌楼工艺流程如图3-50所示，砂、石骨料由皮带输送机提升到搅拌楼的顶部，通过回转配料器送入骨料仓的各个储料斗，水泥则经由下部螺旋输送机和斗式提升机装进水泥筒仓，水和附加剂通过专设的泵和相应的管路直接送入称量容器，从而完成上料和储存工序。称量是由骨料称量斗、水泥称量斗和水（含附加剂）称量斗分别进行的，经过称量的各种集料一起投入搅拌机里进入搅拌工序。成品料可以直接卸进运输车内或送入成品料斗暂存。

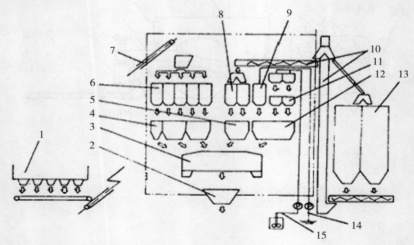

图3-50　水泥混凝土搅拌楼工艺流程图

1—骨料供给器；2—储料器；3—搅拌机；4—骨料称量斗；5、12—水泥称量斗；6—骨料存储斗；
7—上料皮带机；8—水泥料斗；9—水箱；10—水泥供料机构；11—添加剂称量斗；
13—水泥仓；14—供水系统；15—添加剂供料系统

水泥混凝土搅拌站的总体结构一般采用水平式布置，主要由集料存储装置（包括砂石骨料、水泥、水和附加剂的存储设备）、集料一次提升机构、称量机构、集料二次提升机构、搅拌机、成品料斗、控制台和辅助设备等组成。

其工艺流程如图3-51所示。砂、石骨料经一次提升装进骨料斗仓。骨料斗仓的个数不少于4个，根据级配设计中骨料品种的多少确定，斗容一般为2~3 m³/个，同样，水泥经一次提升装进水泥筒仓备用。砂、石骨料的称量斗置于斗仓的下方，便于斗仓直接投料，一般采用累计称量的方式进行骨料计量。经称量的骨料放入提升斗中，经二次提升加进搅拌机中。水泥由筒仓底部的料门经斜架式螺旋输送机提升到位于搅拌机上方的水泥称量斗中，进行单独计量。计量过后直接投入搅拌机。水和附加剂分别由水泵和附加剂泵从储存箱直接泵入搅拌机。搅拌机的卸料口下方一般设有容量不大的成品料储存斗，用于运输车辆间隔期间的成品料暂存。

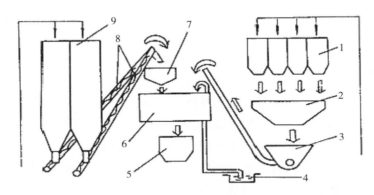

图3-51　水泥混凝土搅拌站工艺流程图

1—骨料仓；2—骨料称量斗；3—提升斗；4—水和添加剂；5—成品料斗；6—搅拌机；

7—水泥称量斗；8—螺旋输送机；9—水泥仓

3.4.4　了解水泥混凝土摊铺机

1. 用　途

水泥混凝土摊铺机是用来将符合工程技术规范要求和摊铺机技术要求的水泥混凝土均匀地摊铺在已修整好的基层上，经振实、抹平等连续作业程序，铺筑成符合设计标准要求的水泥混凝土面层的设备。水泥混凝土摊铺机已广泛应用于公路、城市道路、机场、港口广场，以及水库坝面等水泥混凝土面层的铺筑施工中。

由于水泥混凝土路面具有较高的抗压、抗弯、抗磨耗能力，较好的水稳定性、热稳定性，较强的抗侵蚀性等优点，能够保证水泥混凝土路面施工质量和施工进度，因此，技术水平先进、性能优良的水泥混凝土摊铺机被越来越广泛地应用于高等级公路的水泥混凝土路面工程施工中。

2. 分类、特点及适用范围

水泥混凝土摊铺机的分类方法较多，按照行走方式不同，可分为轨道式摊铺机和履带式摊铺机两类。轨道式摊铺机采用固定轨道和固定模板进行摊铺作业，因此又叫作定模式摊铺机；履带式摊铺机采用随机滑动模板进行摊铺施工作业，因此又叫作滑模式摊铺机。

滑模式水泥混凝土摊铺机具有自动化程度高，可实现自动找平、自动转向、自动提速等自动控制，可一次成型完成各道施工工序等优点，目前在高等级公路路面工程、城市道路、机场等施工中使用普遍。

滑模式水泥混凝土摊铺机的种类较多。按履带的数目不同，可分为四履带、三履带和两履带式。按摊铺工序不同，可以分为两种类型：一种是内部振动器在布料器之下，如美国COMACO公司生产的GP系列滑模式摊铺机；另一种是内部振动器在布料器之后，如美国CMI公司生产的SF系列滑模式摊铺机。另外，按自动调平系统型式不同可分为电液自动调平摊铺机和机液自动调平摊铺机两类。按内部振动器型式不同又可分为电动振动式和液压振动式两类。

3. 整体结构

普通滑模式摊铺机主要由机架、动力及传动系统、控制系统、行走系统、转向系统、调平系统、工作装置和附属装置等部分组成，如图3-52所示。机架是承载摊铺机各种装置的框架结构，由主机架和吊架组成。主机架主要由两根大梁、一根边梁、一根支承纵梁、一根托梁、两根伸缩梁、两根伸缩套、两根支承梁等组合而成，机架的宽度可在一定范围内通过前后水平设置的液压油缸来调整。为了满足不同的施工要求，获得较大幅度的宽度调整，机架还可以机械加长。在机架下部的左、中、右部位各设置两根吊架。

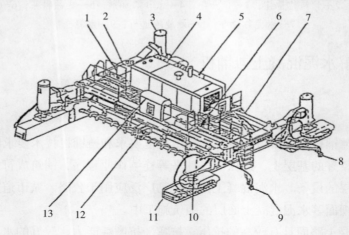

图3-52 滑模式摊铺机基本结构

1—机架；2—喷水装置；3—支腿；4—油箱；5—发动机；6—平台；7—伸缩机架；8、9—传感器；
10—转向装置；11—行走履带；12—布料机；13—操作台

4. 施工过程

滑模式水泥混凝土摊铺机施工过程如下：

（1）螺旋布料器将自卸车或水泥混凝土搅拌车卸在路基上的水泥混凝土横向均匀地摊铺开。

（2）由一级进料计量装置刮平板初步刮平水泥混凝土铺层表面，将多余的水泥混凝土往前推移。

（3）用内部振捣器对水泥混凝土铺层进行初步振实、捣固。

（4）用外部振捣器对水泥混凝土铺层再次振实，并将外露的大粒径骨料强制压入铺层内。

（5）由二级进料计量器进料控制板（在成型盘前）再次刮平铺层，并控制进入成型盘的水泥混凝土的数量。

（6）用成型盘对捣实后的水泥混凝土铺层进行挤压成型。

（7）利用定型盘对铺层进行平整、定型和修边。

由上述施工过程可见，摊铺前倾卸在摊铺机前方的水泥混凝土由螺旋布料器均匀地摊铺在路基上，随着摊铺机的前进由刮平板计量出进入内部振捣器的水泥混凝土量，余料被推向前方。经内部振捣器高频振捣，排除铺层内部空隙和气体，再经过外部振捣器上下振实，强制外露的骨料下沉，从而填平压实了铺层，表面只留下灰浆。接着由进料控制板、成型盘和侧模板进行第二次计量和压实成型。最后由定型盘和侧模板整平抹光，完成水泥混凝土的路面铺筑。

3.4.5 了解沥青洒布机

1. 用 途

沥青洒布机如图3-53所示。在采用沥青贯入法表面处治，透层、黏层、混合料就地拌和沥青稳定土等施工养护工程中，沥青洒布机用来喷洒各种液态沥青材料（包括热态沥青、乳化沥青）。

大容量的沥青洒布车在工程中也可作为沥青和乳化沥青等的运载工具。沥青洒布机在公路、城市道路、机场、港口、码头、水库工程等工程中被广泛应用。

图3-53 沥青洒布机

2. 分类、特点及适用范围

沥青洒布机可以根据其沥青容量、移动形式、喷洒方式及沥青泵的驱动方式进行分类。

根据沥青贮箱容量，可分为小型（容量小于1500 L）、中型（容量1500~3000 L）、大型（容量大于3000 L）三种。

根据移动形式，沥青洒布机可分为手推式、拖运式和自行式三种。

其中自行式沥青洒布机是现在较常用的，有车载型和专用型两种，其特点是将沥青贮箱及洒布系统都装置在同一辆汽车底盘上，具有加热、保温、洒布、回收及循环等多种功能。其沥青贮箱容量一般大于1500 L。沥青洒布量可以进行调节控制。自行式沥青洒布机由于洒布质量好、工作效率高、机动性好等优点，目前广泛地使用在黑色路面工程中。

根据喷洒方式，沥青洒布机可分为泵压喷洒和气压喷洒两种形式。

泵压喷洒式沥青洒布机是利用齿轮式沥青泵等把液态热沥青从贮箱内吸出，以一定的压力输送到洒布管并喷洒到地面上。具有以下功能：在沥青库自行灌装沥青；利用沥青泵将库内沥青输入其他容器；贮箱内沥青可在循环中被加热到工作温度。

气压喷洒式沥青洒布机是利用空气压力使沥青经洒布管进行喷洒作业。其一大优点是在作业结束时，可将管路中的残留沥青吹洗干净，在喷洒乳化沥青时，不会产生破乳现象。

根据沥青泵的驱动方式，沥青洒布机可分为汽车发动机直接驱动和独立发动机驱动两种形式。

3. 主要结构及工作原理

如图3-54所示，沥青洒布机主要由保温沥青箱、加热系统、传动系统、循环洒布系统、操纵机构及检查、计量仪表等部件组成。其主要工作原理：由沥青泵从沥青熔化池中将热沥青吸入贮箱中；运输到工地现场，通过加热系统将沥青加热到工作温度；操纵控制机构，开启喷洒阀门；通过洒布管、喷嘴，由沥青泵将沥青按一定的洒布率及一定的洒布压力喷洒到路面上。作业结束后，即操纵沥青泵反向运转，将循环管路中的残留沥青吸送到沥青箱中。

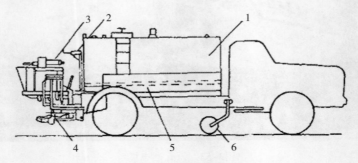

图3-54 沥青洒布机结构示意图

1—沥青箱；2—操纵机构；3—动力及传动装置；4—洒布系统；5—加热火管；6—第五车轮测速仪

3.4.6　了解稳定土厂拌设备

1. 用　途

稳定土厂拌设备是路面工程机械的主要机种之一，是专用于拌制各种以水硬性材料为结合剂的稳定混合料的搅拌机组。由于混合料的拌制是在固定场地集中进行，使厂拌设备能够方便地具有材料级配准确、拌和均匀、节省材料、便于计算机自动控制统计打印各种数据等优点，因而广泛用于公路和城市道路的基层、底基层施工。使用稳定混合料的施工工艺习惯上称为厂拌法。

2. 分类、特点及适用范围

根据生产率大小，稳定土厂拌设备可分为小型（生产率小于200 t/h）、中型（生产率200~400 t/h）、大型（生产率400~600 t/h）和特大型（生产率大于600 t/h）4种。

根据设备拌和工艺可分为非强制跌落式、强制间歇式、强制连续式等三种。在强制连续式中又可分为单卧轴强制搅拌式和双卧轴强制搅拌式。其中，双卧轴强制连续式是最常用的搅拌形式。

根据设备的布局及机动性，可分为移动式、分总成移动式、部分移动式、可搬式、固定式等。

移动式厂拌设备是将全部装置安装在一个专用的拖式底盘上，可以及时转移施工地点。这种厂拌设备一般是中、小型生产能力的设备，多用于工程分散、频繁移动的公路施工工程。

分总成移动式厂拌设备是将各主要总成分别安装在几个专用底盘上，根据实际施工场地的具体条件合理布置各总成。这种形式适用于工程量较大的公路施工工程。

部分移动式厂拌设备在转移工地时将主要的部件安装在一个或几个特制的底盘上，形成一组或几组半挂车或全挂车形式，依靠拖动来转移工地，而将小的部件采用可拆装搬移的方式，依靠汽车运输完成工地转移。这种形式在中、大生产率设备中采用，适用于城市道路和公路施工工程。

可搬移式厂拌设备是我国布局方式采用最多的厂拌设备，这种设备将各主要总成分别安装在两个或两个以上的底架上，各自装车运输实现工地转移。这种形式在小、中、大的生产率设备中采用，具有造价较低、维护保养方便等特点，适用于各种工程量的城市道路和公路施工工程。

固定式厂拌设备固定安装在预先选好的场地上，一般不需要搬迁，形成一个稳定材料生产工厂。因此，一般规模较大，具有大、特大生产能力，适用于城市道路施工或工程量大且集中的施工工程。

3. 主要结构及工作原理

稳定土厂拌设备主要由矿料（土壤、碎石、沙砾、粉煤灰等）配料机组1、集料皮带输送机2、结合料（水泥、石灰）储存配给总成3、搅拌器4、水箱及供水系统5、电器控制系统6、成品料皮带输送机7、成品储料斗8等部件组成（图3-55）。

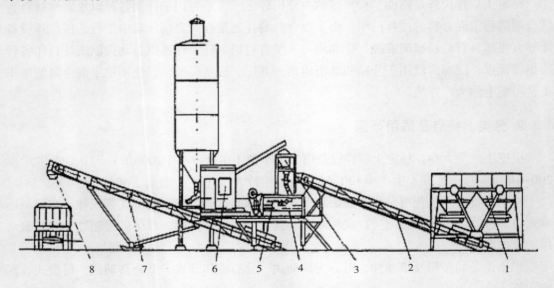

图3-55　稳定土厂拌设备结构示意图

1—矿料配料机组；2—集料皮带输送机；3—结合料储存配给总成；4—搅拌器；5—供水装置；
6—电器控制系统；7—成品料皮带输送机；8—储料斗

稳定土厂拌设备的工作流程：把不同规格的矿料用装载机装入配料机组1的各料仓中，配料机组1按规定比例连续按量将矿料配送到集料皮带输送机2上，再由集料皮带输送机2输送到搅拌器4中；结合料（也称粉料）由结合料储存配给总成3连续计量并输送到集料皮带输送机2上或直接输送到搅拌器4中；水经流量计计量后直接连续泵送到搅拌器4中；通过搅拌器4将各种材料拌制成均匀的成品混合料；成品料通过成品料提升皮带输送机7输送到储料斗8中，或直接装车运往施工工地。

3.4.7　了解稳定土拌和机

1. 用　途

稳定土拌和机（图3-56）是一种在工程施工现场直接将稳定剂与土壤或砂石均匀拌和的专用自行式工程建设机械。以公路工程为例，在高等级公路施工中，稳定土拌和机用于修筑路面的底基层；在中、低等级公路施工中，用于修筑路面的基层或面层；还用于处理软化路基。稳定土拌和机在港口、码头、停车场、机场和其他基础工程中也得到了广泛的应用，安装铣刨转子后还可用来铣刨旧沥青混凝土路面，不仅可以节约施工成本，加快工程进度，而且可以保证工程建设质量。

图3-56 稳定土拌和机

2. 分 类

根据结构和作业特点，稳定土拌和机可做如下分类：

（1）按行走机构的结构形式，分为履带式和轮胎式。

（2）按转子和行走机构的驱动方式，分为液压驱动式、机械驱动式和机械-液压驱动式。

（3）按工作装置（拌和转子）在机械上的安装位置，分为转子前置式、转子中置式和转子后置式。

（4）按拌和转子旋转方向，分为正转转子式和反转转子式。

3. 主要结构及特点

履带式稳定土拌和机虽然有接地比压小、通过性好、附着性能好的优点，但它的机动性较差，所以目前很少生产和使用。现代稳定土拌和机以轮胎式为主，其轮胎多为宽基低压的越野型，以满足稳定土拌和机在松软土壤上行驶、作业时对附着性能的要求。

目前稳定土拌和机以全液压传动为多见，通常行走和转子拌和系统采用液压马达驱动。

前置转子式稳定土拌和机会在作业面上留下车轮印迹，因此它仅见于早期生产的稳定土拌和机；中置转子式稳定土拌和机没有上述缺陷，且整机结构比较紧凑，但保养、修理拌和转子及更换拌和刀具不够方便；后置转子式稳定土拌和机（见图3-57）的拌和转子的维护及拌和刀具的更换较为方便，作业面也不会留下车轮印迹，但这种型式的稳定土拌和机需要在前端增设配重。目前，拌和转子中置式和后置式均有采用，其中后置转子式稳定土拌和机保有量较大。

稳定土拌和机作业时其拌和转子的旋转方向有两种：与车轮旋转方向相同的称为转子正转，反之称为转子反转。前者拌和转子从上向下切削土壤，其切削反力的水平分力与机械前进方向一致，减少了行进阻力。但是，当遇到较大拌和障碍物时，切削阻力增

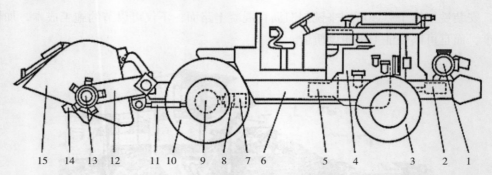

图3-57　后置转子式稳定土拌和机

1—液体喷洒泵；2—行走液压泵；3—前轮；4—发动机；5—转子液压泵；6—车架；7—行走马达
8—变速箱；9—驱动桥；10—后轮；11—转子举升油缸；12—举升臂
13—转子马达；14—转子；15—罩壳

加很快，会对拌和转子形成冲击载荷。后者拌和转子由下向上切削土壤，其切削阻力小，且阻力增加平稳、无冲击载荷，更适合于旧沥青路面的翻修作业，但整机的功率消耗较大。

任务3.5　了解桩工机械

桩是一种人工基础，其主要作用是在软土地基上支撑建筑物（承载桩），也用于透水地基中防渗（板桩），是目前建筑施工中应用较广泛、发展最迅速的一种基础形式。在土木建筑中，桩基础是最常用的基础形式。随着现代建筑业的飞速发展，桩基础已从木桩逐渐发展为钢筋混凝土桩或钢桩。桩基础的施工方法与施工机械也有了巨大的发展。

桩大体上可分为两大类：预制桩和灌注桩。

预制桩是预先制成的，施工时依靠机械力埋设于地下。有预应力钢筋混凝土方桩、管桩、钢管桩、H形钢桩等，主要采用锤击的方法将其打入土壤中。最早采用的打击方法是坠锤，此后是蒸汽锤，接着是柴油锤。由于柴油锤和振动桩锤沉桩会产生相当大的噪声，在城市居民密集区施工时对环境影响极大，为此，近年来液压振锤与静压桩机悄然兴起。液压振锤由于可以改变振动频率，可使振动锤适应土壤体系的振动频率，使桩与土壤产生共振，加大振幅，从而使沉桩速度加快。液压振动桩锤是今后大型桩锤的主要发展方向。

随着新技术新设备的发展，灌注桩在最近几十年得到了飞速发展，已成为桩基础的主要形式。灌注桩需在地层中预先成孔，然后放入钢筋笼，再灌注混凝土而成桩。国外灌注桩机械的发展是从螺旋钻开始的，随着建筑工程不断发展的需要、钻孔直径与深度的增加，新的施工方法不断涌现。目前，应用较广的有全套管钻机、旋转钻机、旋挖钻机、冲击钻机等。

3.5.1　了解振动沉拔桩锤

1. 用　途

振动沉拔桩锤是一种适合各种基础工程的沉拔桩施工机械。它广泛应用于各类钢桩和混凝土预制桩的沉拔作业。与相应的桩架配套后，也可用于混凝土灌注桩、石灰桩、砂桩等各种类型的地基处理作业。振动沉拔桩锤有如下特点：贯入力强，沉桩质量好；不仅用于沉桩还适用于拔桩；使用方便，施工速度快，成本低；结构简单，维修保养方便，噪声小，无大气污染。

在施工中，振动沉拔桩锤是利用桩体产生的高频振动，以高加速度振动桩身，当桩的强迫振动与土壤颗粒的频率接近时，土壤颗粒产生共振，使桩身周围的土体产生变形，迅速破坏桩和土壤间的黏结力，减小了沉桩阻力，这样桩在自重及较小的附加压力下便可沉入土中。

2. 分　类

振动沉拔桩锤按照动力、振频和结构进行分类：

（1）按动力可分为电动振动沉拔桩锤和液压振动沉拔桩锤，前者动力是耐振电动机，后者是柴油发动机驱动液压泵–马达系统。

（2）振动锤的振动器是一个带偏心块的转轴，其产生的振动频率可分为低频（300~700 r/min）、中频（700~1500 r/min）、高频（2300~2500 r/min）、超高频（约6000 r/min），以适应不同的地基土质情况。

（3）按振动偏心块的结构可分为固定式偏心块和可调式偏心块。

3. 主要结构及工作原理

振动桩锤主要由动力装置、振动器、夹桩器和吸振器等组成。图3-58是普通振动桩锤的外形图。

振动桩锤是利用振动器的高频振动（频率一般为700~1800次/min），通过桩身传给周围的土壤，在振动作用下破坏桩身和土壤的黏结力，减小阻力，使桩在重力作用下下沉。振动桩锤的主要工作装置是一个振动器，它是产生振动的振动源。

机械式振动器由两根带有偏心块的高速轴组成，两轴的转向相反，转速相等，对于一根带有偏心块的高速轴，如图3-59（a），其旋转时偏心块会产生一个离心力 F。由于离心力 F 的方向是变化的，形成一种圆振动。如果将两根带有偏心块的高速轴组合在一起，使其转向相反，转速相等，如图3-59（b）所示，这时两根轴上的偏心块所产生的离心力在水平方向上的分力互相抵消，而在其垂直方向上的分力则迭加起来，这个迭加力一般称为"激振力"。激振力的方向是沿振动器两轴连线的垂直方向，大小随 ϕ 角而变化，它

工程**机械**文化（修订版）

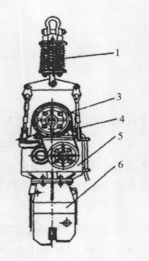
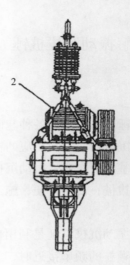

图3-58　普通振动桩锤
1—吸振器；2—动力装置；3—皮带轮；4—张紧机构；5—振动箱体；6—夹桩器

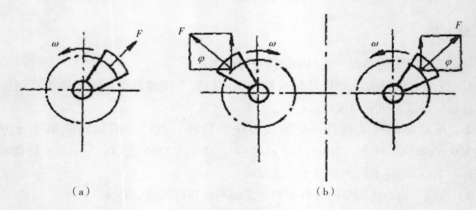

（a）　　　　　　　　　　　　　　（b）

图3-59　振动器工作原理图
（a）带有偏心块的高速轴；（b）两轴的转向相反，转速相等

通过轴承、机壳传给桩，使桩身沿其轴向产生强迫振动。

3.5.2　了解全套管钻机

1. 用　途

全套管施工法是由法国贝诺特公司（Benoto）发明的一种施工方法，也称为贝诺特工法。配合这个施工工艺的设备称为全套管设备或全套管钻机，它主要是在桥梁等大型建筑基础钻孔桩施工时使用，施工时在成孔过程中一面下沉钢质套管，一面在钢管中抓挖黏土或砂石，直至钢管下沉到设计深度，成孔后灌注混凝土，同时逐步将钢管拔出，以便重复使用。

· 74 ·

2. 分类及特点

按结构形式分为两大类：

（1）整机式：以履带式或步履式底盘为行走系统，同时将动力系统、钻机系统等集成于一体；

（2）分体式（见图3-60）：是以压拔管机构作为一个独立系统，施工时必须配备其他形式的机架（如履带起重机），始能进行钻孔作业。

按成孔直径分为三种类型：小型机，直径在1.2 m以下；中型机，直径在1.2~1.5 m之间；大型机，直径在1.5 m以上。

全套管设备施工的优点是：

（1）适用范围广泛，除了岩层外，任何土质都适用；

（2）由于有套管保护，对坍孔有很好的保护作用；

（3）在使用落锤式抓斗取土时，不采用泥浆，占地小，在城市中施工意义最为明显；

（4）扩孔率小，成孔准确，节约混凝土，一般扩孔率在4%~10%；

（5）全套管旋工法还可以做斜桩，用搭接桩法可以做桩列式连续挡土墙。

3. 主要结构及工作原理

以分体式全套管钻机（见图3-60）为例，全套管钻机是由起重机、锤式抓斗、导向口、套管、钻机等组成。起重机为通用起重机。锤式抓斗由单绳控制，靠自由落体冲击落入孔内取土，提上地面卸土。钻机主要由压拔管、晃管、夹管机构组成，包括压拔管、晃管、夹管油缸和液压系统及相应的管路控制系统。

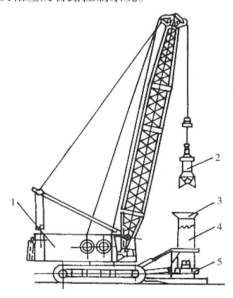

图3-60 分体式全套管钻机

1—起重机；2—锤式抓斗；3—导向口；4—套管；5—钻机

工作原理：钻机装有液压驱动的抱管、晃管、压拔管机构。成孔过程是将套管边晃边压，进入土壤之中，并使用锤式抓斗在套管中取土。抓斗利用自重插入土中，用钢绳收拢抓瓣。这一特殊的单索抓斗可在提升过程中完成向外摆动、开瓣卸土、复位并开瓣下落等过程。成孔后，在灌注水下混凝土的同时逐节拔出并拆除套管，最后将套管全部取尽（见图3-61）。

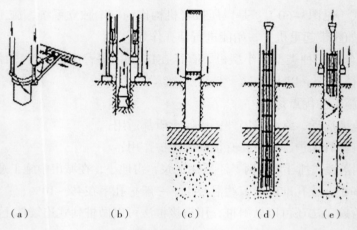

（a）　　　　　（b）　　　　　（c）　　　　　（d）　　　　　（e）

图3-61　全套管钻机工作原理示意图
（a）套管在工作装置的晃动作用下压入；（b）抓斗取土；（c）连接长套管；
（d）插入钢筋笼及混凝土导管；（e）灌注混凝土并拔套管

3.5.3　了解旋转钻机

1. 用　途

是采用下沉入孔中的钻头旋转切土的方式成孔的施工机械，它是从地质钻机发展而来，逐渐在桥梁工程大直径钻孔桩施工设备中成为一种适用范围最广、适应能力最强的施工机械。根据所选用机械能力的不同，可以在土质土壤、岩层等各种各样的地质条件下进行施工。

旋转成孔与国内常用的冲击成孔相比，有一些明显的优点。如钻进速度快，不致出现冲击钻可能有的十字槽及其返工问题；因旋转钻头对孔壁扰动较少，加上其成孔较快，孔壁在水中浸泡时间较短，所以不易塌孔。

2. 分类及基本结构

旋转钻机按其钻孔装置可分为：

（1）有钻杆钻机：这种钻机通过转盘旋转或悬挂动力头旋转带动钻杆，传递动力到钻具上，并可通过钻杆对钻具施加一定的压力（钻孔），增加钻进能力。变更钻头型号可以满足施工提出的各种地质条件的要求。其构造如图3-62所示。

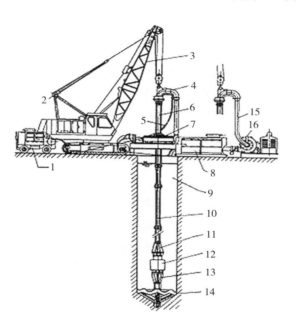

图3-62　有钻杆钻机示意图

1—空压机；2—油管；3—起重机；4—旋转弯管；5—风管；6—主动钻杆；7—转盘；8—液压泵；
9—泥浆；10—钻杆；11、13—异径连接管；12—压重块；14—钻头；15—吸泥管；16—吸浆泵

（2）无钻杆钻机（潜水钻机）：这种钻机通过潜水电机旋转带动钻具切土，电机跟随钻具工作，潜入孔底，整个钻具以悬挂方式工作，故成孔垂度好，无须拆装钻杆，能连续工作，节省工作时间。如图3-63所示，其由滤网、水泵、起重吊车、钢丝绳、钻头、泥浆槽等部分组成。

钻机工作时影响其效率的主要环节之一是排渣，排渣分为正循环和反循环两大类。

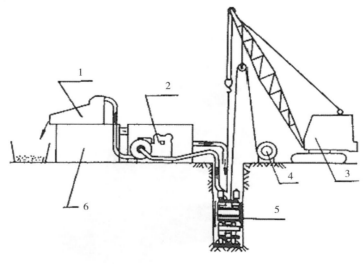

图3-63　无钻杆钻机（潜水钻机）示意图

1—泥沙滤网；2—抽水泵；3—起重机；4—钢丝绳支架；5—钻头；6—泥浆槽

（1）正循环：在钻进过程中，通过钢管或橡胶软管将水通入孔底，将钻渣漂浮至孔的上部自然排出。

（2）反循环：在钻进过程中，向孔内补水，通过排渣管排渣，排渣的动力有空气反循环、泵吸反循环、泵举反循环。

①空气反循环：在钻进过程中，将压缩空气通入排渣管下部，形成水、钻渣、空气三相混合体，其比重小于1，在孔底的巨大压力下压出孔外，钻渣被带出，由于排渣能力强，因此钻孔效率较高。

②泵吸反循环：将泥浆泵设置在地面上，接在排渣管上吸渣，这种排渣方式钻孔深度在30 m以内，效果较好，孔深增大，则效率递减。

③泵举反循环：将砂石泵串联在地下的成孔钻具上的吸渣管上排渣，泵举用砂石泵有比较大的扬程，它可将吸进泵内的钻渣泥浆通过排渣管泵送出孔外。

3.5.4　了解旋挖钻机

1. 用　途

旋挖钻机（如图3-64所示）是一种适合基础工程中成孔作业的施工机械。主要用于市政建设、公路桥梁、工业和民用建筑、地下连续墙、水利、防渗护坡等基础施工。主要适于砂土、黏性土、粉质土等土层施工，在灌注桩、连续墙、基础加固等多种地基基础施工中得到广泛应用。

图3-64　旋挖钻机示意图

2. 主要特点及工作原理

旋挖钻机一般采用液压履带式伸缩底盘、自行起落可折叠钻桅、伸缩式钻杆、钻头、带有垂直度自动检测、调整、孔深数码显示等功能，整机操纵一般采用液压先导控制、负荷传感技术，具有操作轻便、舒适等特点。主、副两个卷扬可适用于工地多种情况的需要。该类钻机配合不同钻具，适用于干式（短螺旋）或湿式（回转斗）及岩层（岩心钻）的成孔作业，还可配挂长螺旋钻、地下连续墙抓斗、振动桩锤等，实现多种功能。旋挖钻机利用钻杆和钻头的旋转及重力使土粒进入钻斗，钻斗装满以后，提升钻头出土，这样通过钻斗的旋挖、削土、提升和出土，反复多次而成孔。如图3-65所示。

图3-65 旋挖钻机工作图

3. 分类及适用范围

旋挖钻机根据主要工作参数（扭矩、发动机功率、钻孔直径、钻孔深度及钻机整机质量）可以分为三种类型：

（1）小型机：旋挖钻机扭矩100 kN·m。发动机功率170 kW，钻孔直径0.5～1 m，钻孔深度40 m左右，钻机整机质量40 t左右。小型机的应用市场定位：

①各种楼座的护坡桩；

②楼的部分承重结构桩；

③城市改造市政项目的各种直径小于1 m的桩；

④适用于其他用途的桩。

（2）中型机：扭矩180 kN·m，发动机功率200 kW，钻孔直径0.8～1.8 m，钻孔深度60 m左右，钻机整机质量65 t左右。中型机的应用市场定位：

①各种高速公路、铁路等交通设施桥梁的桥桩；

②大型建筑、港口码头承重结构桩；

③城市内高架桥桥桩；

④其他适用桩。

（3）大型机：扭矩240 kN·m，发动机功率300 kW，钻孔直径1～2.5 m，钻孔深度80 m。钻机整机质量100 t以上。大型机的应用市场定位：

①各种高速公路、铁路桥梁的特大桥桩；

②其他大型建筑的特殊结构承重基础桩。

3.5.5　了解冲击钻机

1. 用　途

冲击钻机用于钻孔灌注桩施工，尤其适合在卵石、漂石地层条件下进行施工，它造价低、结构简单、施工简便，在国内是许多施工企业钻孔桩施工主要选用的设备之一。

2. 分类及适用范围

按冲击钻机构造形式可分为三类：

（1）简易冲击钻机是由卷扬机带动冲锤，如图3-66所示，其驱动滚筒分为电机驱动滚筒和液压马达驱动滚筒。

（2）冲击式钻机拖车底盘携带机械机构实现冲击动作，如图3-67所示。

（3）旋转钻机附带冲击功能。

适用范围：最适合于卵石、漂石及岩层，也可用于其他地质条件。

3. 主要结构及工作原理

简易冲击钻机的主要结构如图3-66所示，冲击式钻机的主要结构如图3-67所示。

冲击成孔是用冲击锤反复冲击孔底的各种卵石、黏土等，将其冲击到孔壁或冲成碎渣通过排渣机具排出孔外，冲击的作用主要是成孔进尺、制浆、造壁作用。

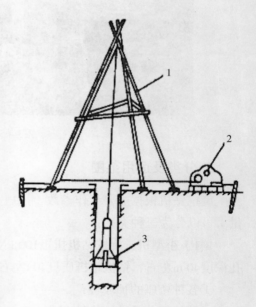

图3-66　简易冲击钻机示意图
1—钻架；2—卷扬机；3—冲击锤

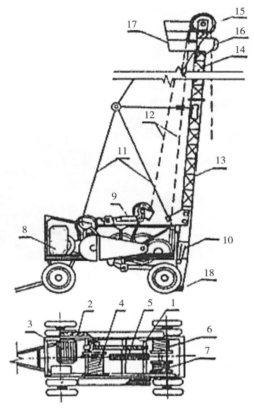

图3-67   冲击式钻机示意图

1—主轴；2—三角皮带；3—电动机；4—钻具卷筒；5—冲击机构；6—泥浆卷筒；
7—辅助卷筒；8—操纵箱；9—冲击梁；10—操纵杆；11—管制拉杆；12—钢丝绳；
13—桅杆下节；14—桅杆上节；15—钻头泥浆滑轮；16—钢绳滑轮；17—工作台；18—桅杆支垫

任务3.6   了解架桥机械

架桥机械就是将预制好的混凝土梁放置到预制好的桥墩上去的设备。架桥机械与一般意义上的起重机械有很大的不同，因为其要求的条件极为苛刻。架桥机械形式多样，分类形式也不尽相同，这里按照结构形式的不同将其分为悬臂式、简支式和导梁式等几种。

3.6.1   了解悬臂式架桥机

1. 基本组成

悬臂式架桥机一般由机身、吊臂、行走部分、起重设备等四部分组成，如图3-68所示。

图3-68 悬壁式架桥机

2. 架桥原理

工作时按照先吊平衡重、后吊混凝土梁，先落混凝土梁、后落平衡重的原则进行。通过吊臂悬出机身的铁扁担将混凝土梁起吊，运行到桥头后落梁就位。

3. 主要特点

这种架桥机结构简单、制作方便、操作简便。但是在架桥过程中，需要铺设岔线喂梁和吊梁走行，轴重较大，要求桥头线路标准很高，增加了辅助工作量；另外这种架桥机重心较高，稳定性较差，容易发生翻机事故。

3.6.2 了解简支式架桥机

1. 基本组成

简支式架桥机一般由机臂、前后支撑、起重设备等三部分组成，如图3-69所示。

2. 架桥原理

工作时利用前后支撑与机臂构成一个简支受力体系，通过吊梁小车在机臂上行走，完成提梁、移梁、落梁就位工作。

3. 主要特点

这种架桥机可以分为单臂式和双臂式两种，其中双臂式用于起重吨位较大的桥梁。随着桥梁结构向着高刚度、大跨度的方向发展，简支式架桥机已经逐步取代悬臂式架桥机。

图3-69　简支式架桥机

3.6.3　了解导梁式架桥机

1. 基本组成

导梁式架桥机一般由主机和导梁组成，主机由机臂和支撑构成，具有起重功能；导梁一般长度超过两跨桥长，具有纵移功能。如图3-70所示。

图3-70　导梁式架桥机

2. 架桥原理

与简支式架桥机不同，它不是利用吊梁小车提梁纵移实现移梁到位，而是导梁事先落在所架梁跨上，以导梁为喂梁通道，吊梁小车定点起吊落梁。

3. 主要特点

这种架桥机在施工时减少了纵向水平力，桥梁墩台受力状况较好，因此更加适合大吨位桥梁的架设。

3.6.4　了解桥梁运输设备

1. 分　类

桥梁运输设备分为轮轨式和轮胎式两种。

2. 主要特点

一般整孔钢梁或者混凝土梁，由桥梁工厂运往桥头架设地点，采用铁路专用运梁平车。工地短距离转移，采用轮胎式运梁台车，如图3-71所示。

图3-71　轮胎式运梁台车

随着桥梁的重型化方向发展，现代桥梁越来越多地采用现场预制的方式，同时对道路的要求较低，轮胎式运梁台车逐渐得到广泛使用。

3.6.5 了解移动模架造桥机

1. 基本组成

主要由支腿机构、支承桁梁、内外模板、主梁提升机构等部分组成。移动模架造桥机（如图3-72所示）是一种自带模板，利用承台或墩柱作为支承，对桥梁进行现场浇筑的施工机械。简单地说，造桥机是在桥台现场支模板浇灌混凝土造桥，而架桥机是将预制好的桥梁吊放在桥台上架桥。

图3-72 移动模架造桥机

2. 主要特点

移动模架造桥机主要特点是施工质量好，施工操作简便，成本低廉。在国外，已广泛地被采用在公路桥、铁路桥的连续梁施工中，是较为先进的施工方法。国内已开始在高速公路、铁路客运专线上使用。

任务3.7 了解隧道机械

由于隧道类型的不同，使用的施工机械也不相同，相互之间的差异很大，有的隧道使用一般土石方机械即可施工，有的隧道需要专用机械，有的隧道必须用特制机械才能施工。下面介绍几种常见的专用隧道机械。

3.7.1　了解液压凿岩台车

1. 用　途

在应用钻爆法开挖隧道时，液压凿岩台车提供了有利的使用条件，加快了施工速度、提高了劳动生产率，并改善了劳动条件。

2. 基本结构与施工原理

液压凿岩台车主要由钻臂、推进器、定位机构、底盘、台车架、液压系统、风水系统、操作系统等部分组成。如图3-73所示。

图3-73　液压凿岩台车

工作时，台车驶入掘进工作面，操作定位机构使台车定位，操纵钻臂和推进器使钻头按照施工要求顶紧工作面，然后开动凿岩机进行凿岩，钻完全部炮孔后，凿岩台车退出工作面。

3. 主要特点

钻孔速度快，由于采用液压推进，钻孔速度最高可以达到每分钟60 cm；可以利用长钻杆（最长可达7180 mm），减少换钻杆时间，提高工作效率；液压凿岩台车在工作时定向稳定性好，钻孔效率高；液压钻臂采用自动化控制，确保钻孔的方向和深度准确。

3.7.2　了解悬臂掘进机

1. 用　途

悬臂式掘进机是一种能够完成截割、装载、转载运输，并能自己行走，具有喷雾灭尘等功能的巷道掘进联合机组，它既可以用于隧道施工，也可以用于金属矿山以及井下煤矿。

2. 基本结构与施工原理

悬臂式掘进机主要由行走机构、工作机构、转载机构、运输机构和除尘装置等组成。如图3-74所示。

图3-74　悬臂式掘进机

工作时，一边操作行走机构向前推进，一边操纵工作机构中的切割头不断破碎岩石，同时专用喷嘴自动喷水除尘并且运输机构连续将碎岩运走。

3. 主要特点

悬臂式掘进机可以开挖任何断面形状的隧道，因为其切削头有两种形式：纵轴式和横轴式。横轴式可以前后深度开挖，纵轴式可以上下左右水平开挖。最适合开挖中硬（单轴抗压强度250 MPa以下）的岩石。具有安全、高效和成巷质量好等优点。但造价高，构造复杂，损耗也较大。

3.7.3　了解隧道衬砌机

1. 用　途

衬砌指的是为防止隧道围岩变形或坍塌，沿隧道洞身周边采用钢筋混凝土等材料修建的永久性支护结构。衬砌机械简单说就是完成隧道内衬的施工机械。

2. 分类与特点

根据衬砌材料与施工方法的不同可以分为以下几种。

砖石衬砌：各国早期及中国在50年代初期修筑的隧道，均大量采用石料衬砌，易于就地取材，但操作多半依靠手工，进度难以加快，且砌缝容易漏水，防水性能较差，目前已很少采用。

片石混凝土衬砌：只有在地质条件较好、围岩压力较小、沙子采集困难、运输不便又无适当定型石料可用的条件下，才考虑采用；但其劳动生产率低，进度较慢，一般不宜推荐。

钢筋混凝土衬砌：在地质条件复杂、围岩压力较大、隧道跨度较大，并且有可能出现不对称压力或动荷载作用时，宜采用钢筋混凝土衬砌。

整体灌筑混凝土衬砌：是目前模筑衬砌中的一种主要施工方式，在公路隧道、铁路隧道、水工隧洞及其他各类地下建筑工程中均广泛应用。这种模筑衬砌便于机械化施工，其整体性和抗渗性均较好。水泥混凝土衬砌机如图3-75所示。

图3-75 水泥混凝土衬砌台车

3.7.4 了解全断面隧道掘进机（盾构）

1. 用 途

全断面岩石掘进机（如图3-76所示）是技术密集程度较高的机、电、液一体的大型地下施工设备，主要用于岩石地质结构的公路、铁路、水利水电引水导洞、地铁及地下工程隧道掘进建筑施工。

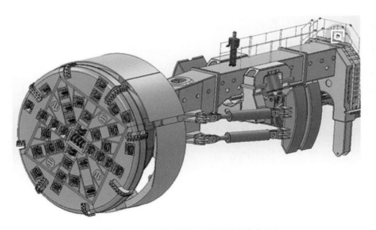

图3-76　全断面岩石掘进机结构图

2. 分　类

在中国将专门用于开凿硬质岩石地层隧道的大型机械称为全断面隧道掘进机（简称TBM）；而专门用于开凿软土地层隧道的大型机械称为盾构（如图3-77所示）。相对于盾构，TBM因其对设备的可靠性和持久性要求极高，被称为工程机械的"掘进机之王"。

图3-77　盾构外形图

3. 基本功能

掘进机主要有掘进、出碴、导向及支护等四项基本功能。

（1）掘进。

掘进功能包括破碎岩石和掘进机不断前进的功能。为此掘进机必须配置与其相匹配的滚刀，通过推进机构推进液压油缸产生推力驱动刀盘，并产生变换滚刀破岩位置的回转力矩；还须配置合适的支撑机构（T型或双X型），将破岩掘进力产生的反力矩和扭转力矩产生的反力矩传递给洞壁，以形成足够的破岩力。实现掘进功能的基本机构是滚刀、刀盘、刀盘支撑装置及刀盘旋转驱动系统。

（2）出碴。

出碴功能可细分为导碴、铲碴、溜碴和运碴功能，并与掘进功能一起实现连续作业。

导碴。刀盘旋转时，滚刀在规定的贯入量和足够的破岩力作用下挤碎岩石，岩碴在洞底被旋转的刀盘舀起，顺铲口导碴条落入铲斗。

铲碴。刀盘周边设置若干个低边铲斗，将已经破碎的岩碴从洞底铲入铲斗，当铲斗随刀盘旋转到上部时，岩碴经溜槽卸入皮带机。为防止铲口边缘磨损，铲斗唇口装有可更换的抗磨刮板。

溜碴。铲斗内岩碴随刀盘转动到掘进机上方，超过堆积的安息角后靠自重随出碴斜道滑落到输送带上。出碴斜道设置橡胶挡护，以防岩碴撒落。

运碴。皮带输送机将岩碴转运出洞。为清理干净洞底岩碴，减少滚刀的磨耗，降低侧翼铲斗扰动洞壁，在保证刀盘刚度的前提下，掘进机应配有足够的铲斗和足够大的容积、合适的铲斗进出口、合理的出碴斜道和刀盘转速，以确保排碴能力满足掘进要求。

（3）导向。

通过激光导向定位系统（与陀螺仪配合使用）计算测定和预测机器的位置及偏转角，用于直线或曲线隧道掘进方向的确定、调整。掘进偏离预期的洞线方向时，激光源、感光靶将所测数据通过计算机系统处理，测出掘进机偏移量，同时输出指令，使支撑靴、液压油缸和平衡液压油缸调整水平方向和垂直方向的偏差；当掘进机受刀盘回转的反作用力矩作用发生整体偏转时，则通过平衡液压油缸予以纠正。

（4）支护。

支护功能可体现在未掘进地质的预处理、掘进后洞壁的局部支护和全部洞壁的衬砌三种状态下。当已预报掘进机前方未掘进段将出现不良地质（如山地、地下水）时，主要采用混凝土灌浆、化学灌浆和冰冻固结进行预处理；掘进后出现局部不良地质时，主要采用喷混凝土、锚杆、挂网、设置钢拱架进行处理；掘进后隧道洞壁接触空气便全线水解、风化时，采用全洞壁混凝土预制块衬砌、密封和灌浆保护处理。

实现支护功能需要配置超前钻机、锚杆机、钢拱架安装机、混凝土管片安装机、喷混凝土机、混凝土灌浆机、化学注浆泵和冰冻机等设备。

思考题

1. 推土机为什么只能进行短距离的施工作业，您认为它有发展前途吗？
2. 在大规模的土方施工作业中，您认为哪种工程机械最实用？
3. 现代振动压路机能够替代普通光轮压路机吗？
4. 轮胎压路机压实效果较好，但为什么没有普及？
5. 在桩工机械中，哪一种钻孔设备最适用于土质土壤地质条件？
6. 在桩工机械中，哪一种钻孔设备最适用于石质地层地质条件？

项目4 浏览工程机械中国制造品牌与文化

☞ **知识目标**

1. 了解国内主要的品牌工程机械企业及其logo；
2. 认识国内主要的品牌工程机械企业概况与发展历程；
3. 了解国内主要的品牌工程机械企业的企业文化。

☞ **能力目标**

1. 能够表述国内品牌工程机械企业的优势产品及特点；
2. 能够通过网络详细查询国内品牌工程机械企业的最新动态。

2015年5月，国务院颁布《中国制造2025》，提出"三步走"实现制造强国战略目标。第一步：力争用十年时间，迈入制造强国行列。第二步：到2035年，我国制造业整体达到世界制造强国阵营中等水平。第三步：新中国成立一百年时，制造业大国地位更加巩固，综合实力进入世界制造强国前列。其中提出"培育有中国特色的制造文化"，中国制造为工程机械制造品牌建设提供了强有力的支撑。

企业文化，从它的载体或外部来看是一个品牌（标识logo），但从内涵来看就是一种价值观。如果企业全体员工都来认同这个价值观，就会产生巨大的力量。企业文化是企业活力的内在源泉。

1. 企业文化具有凝聚力的作用

企业文化可以把员工紧紧地团结在一起，形成强大的向心力，使员工万众一心、齐心协力，为实现共同的目标而努力奋斗。企业文化的凝聚力来自于企业目标的正确选择。如果企业的目标既符合企业的持续发展，也符合企业员工个人的利益，即形成了集体与个人"双赢"的目标，那么这个企业的凝聚力、战斗力就形成了。

2. 良好的企业文化具有引力作用

优秀的企业文化，不仅对员工具有强大的吸引力，对于合作伙伴如客户、供应商、消费者以及社会大众都具有吸引力；优秀的企业文化对稳定人才和吸引人才起着很大的作用。同样的道理，合作伙伴也是如此，同样的条件下，没有人不愿意去一个更好的企业发展，也没有哪一个客户不愿意和更好的企业合作共谋发展。

3. 企业文化具有导向作用

企业文化就像一支无形的指挥棒，让员工自觉地按照企业要求去做事，这就是企业文化的导向作用。企业核心价值观与企业精神发挥着无形的导向功能，能够为企业和员工提供方向和方法，让员工自发地去遵从，从而把企业与个人的意愿和愿景统一起来，促使企业持续发展。

4. 企业文化具有激励作用

优秀的企业文化对员工起着激励和鼓舞的作用，形成良好的工作氛围，充分调动与激发员工的积极性和主动性。企业文化所形成的文化氛围和价值导向是一种精神激励，把人们的潜在智慧激发出来，提升员工的能力，让员工和企业共同发展，从而也增强企业的整体执行力。

5. 企业文化具有约束作用

企业文化本身就具有规范作用，企业文化规范包括道德规范、行为规范。这种无形的约束力让员工明白自己哪些该做、哪些能做，哪些不该做、哪些不能做。通过这些软约束来提高员工的自觉性、积极性、主动性和自我约束力，使员工明确工作意义和工作方法，从而提高责任感。

在培育有中国特色的制造文化的时代，一个企业要持续发展，必须建设优秀的企业文化，必须与时俱进地进行文化创新。加入WTO以来，中国市场已从价格竞争转为品牌竞争。树立品牌形象、提高品牌价值已成为领先企业的重要战略，在国际化进程中，中国制造的工程机械企业文化的内涵进行着不断的创新和丰富，以"创新驱动、质量为先、绿色发展、结构优化、人才为本"的理念，指导企业追求卓越品质，形成具有自主知识产权的名牌产品，不断提升企业品牌价值和中国制造整体形象：

品牌弘扬精神

品牌凝聚信仰

品牌肩负承诺

品牌塑造形象

品牌弘扬个性

品牌维系情感

品牌创造价值

在本项目介绍工程机械中国制造品牌与文化时，结合2018年全球工程机械制造商50强排行榜（详见表4-1），我们可以看出共有9家中国品牌上榜，分别是：徐工、三一、中联重科、柳工、龙工、山推、厦工、山河智能和福田雷沃。其中，徐工由2017年的第8位上升至第6位，三一由2017年的第11位上升至第8位，中联重科由2017年的第14位上升至第13

位，柳工由2017年的第31位上升至第25位，龙工由2017年的第33位上升至第30位，山推由2017年的第38位上升至第33位，厦工由2017年的第42位上升至第39位，山河智能由2017年的第47位上升至第40位，雷沃由2017年的第48位上升至第45位。所有入榜的中国企业排名均比上年有所提升，其中山河智能提升幅度最大，上升了7位；更具有纪念意义的是，有两家中国企业进入前十榜单，可见中国的工程机械正在不断向世界最高水平靠拢，这是在"一带一路"等多重因素的综合作用下，中国工程机械企业取得的重大突破。

表4-1 2018年全球工程机械制造商50强排名表

2018年排名	2017年排名	企业名称	国 别	2018年营业收入（百万美元）	2018年市场份额
1	1	卡特彼勒	美国	26637	16.40%
2	2	小松制作所	日本	19244	11.90%
3	3	日立建机	日本	8301	5.10%
4↑	5	沃尔沃建筑设备	瑞典	7810	4.80%
5↓	4	利勃海尔	德国	7398	4.60%
6↑	8	徐工集团	中国	6984	4.30%
7↓	6	斗山工程机械	韩国	6232	3.80%
8↑	11	三一重工	中国	5930	3.70%
9↓	7	约翰迪尔	美国	5718	3.50%
10↑	12	杰西博（JCB）	英国	4611	2.80%
11↓	9	特雷克斯	美国	4363	2.70%
12↓	10	山特维克矿山与岩石技术	瑞典	4292	2.60%
13↑	14	中联重科	中国	3796	2.30%
14↑	16	维特根集团	德国	3690	2.30%
15↑	17	美卓	芬兰	3290	2.00%
16↓	15	豪士科-捷尔杰	美国	3165	2.00%
17↓	13	神钢建机	日本	3115	1.90%
18	18	凯斯纽荷兰工业集团	意大利	2626	1.60%
19	19	现代重工	韩国	2400	1.50%
20↑	22	久保田	日本	2296	1.40%
21	21	住友重机械	日本	2253	1.40%
22↑	24	威克诺森	德国	1883	1.20%
23↑	25	曼尼通	法国	1800	1.10%
24↑	27	帕尔菲格	奥地利	1791	1.10%
25↑	31	柳工	中国	1709	1.10%
26↓	23	马尼托瓦克	美国	1581	1.00%

续　表

2018年排名	2017年排名	企业名称	国　别	2018年营业收入（百万美元）	2018年市场份额
27↓	20	多田野	日本	1531	0.90%
28↓	26	阿特拉斯·科普柯	瑞典	1490	0.90%
29↓	28	法亚集团	法国	1417	0.90%
30↑	33	龙工控股	中国	1375	0.80%
31↓	30	希尔博	芬兰	1226	0.80%
32↓	29	阿斯泰克工业	美国	1185	0.70%
33↑	38	山推	中国	1033	0.60%
34↓	32	安迈	瑞士	972	0.60%
35↑	36	Bauer	德国	924	0.60%
36↑	37	加藤	日本	828	0.50%
37↓	35	Skyjack	加拿大	787	0.50%
38↓	34	竹内	日本	777	0.50%
39↑	42	厦工	中国	701	0.40%
40↑	47	山河智能	中国	626	0.40%
41	41	欧历胜	法国	577	0.40%
42↓	39	爱知	日本	540	0.30%
43↑	49	BellEquipment	南非	514	0.30%
44↓	43	古河	日本	487	0.30%
45↑	48	福田雷沃	中国	482	0.30%
46↓	40	洋马	日本	433	0.30%
47↓	45	默罗	意大利	375	0.20%
48↓	44	森尼伯根	德国	372	0.20%
49↓	46	海德宝莱	土耳其	330	0.20%
50		酒井重工业株式会社	日本	325	0.20%

2017年我国工程机械产品出口首次跨越200亿美元大关，达到201亿美元，出口金额同比增长18.5%，全年出口增幅刷新了2012年以来最高纪录，贸易顺差破纪录地达到160.19亿美元。在全球市场所占的份额增长了2.5%，上榜的9家中国企业全球市场所占份额达到13.9%。

下面列出了十个国内著名工程机械品牌，主要介绍企业概况、获得荣誉、品牌标志、企业文化、发展理念及主要产品特点等知识内容。

任务4.1　认识中国制造徐工品牌与文化

1. 企业简介

徐州工程机械集团有限公司（以下简称徐工）位于江苏省徐州市，成立于1989年3月，公司1996年8月上市（股票代码000425）。近30年来始终保持中国工程机械行业排头兵的地位，2018年位居世界工程机械行业第6位。徐工集团年营业收入由成立时的3.86亿元人民币，发展到2017年69.84亿美元的销售额，在中国工程机械行业均位居首位，是中国工程机械产品品种和系列最齐全、最具竞争力和最具影响力的大型企业集团。"徐工"是行业首个"中国驰名商标"，徐工装载机是"中国名牌产品"。

徐工集团主要产品有：工程起重机械、筑路机械、路面及养护机械、压实机械、铲土运输机械、挖掘机械、砼泵机械、铁路施工机械、高空消防设备、特种专用车辆、专用底盘、载重汽车等主机和工程机械基础零部件产品。其中汽车起重机、压路机、摊铺机、高空消防车、平地机、随车起重机、小型工程机械等主机产品和液压件、回转支承、驱动桥等基础零部件市场占有率名列国内第一。

2. 获得荣誉

2007年度全国机械工业效绩评价百强企业；

2007年度最具影响力企业；

2007年获得中国工商行政管理总局商标局颁发的"徐工"中国驰名商标；

2008年度获得全国机械工业企业文化建设先进单位荣誉称号；

2008年6月，"中国500最具价值品牌"榜单上，"徐工"品牌排名第72位，品牌价值为85.95亿元；

2011年荣获"装备中国功勋企业"称号；

2012年获评中国上市公司最具投资价值100强之一；

2013年度最佳雇主品牌；

2014年荣获"国家技术中心成就奖"；

2018年位居世界工程机械行业第6位；

2018年获中国扶贫基金会"2017年度突出贡献奖"。

3. 徐工logo

徐工logo由一个正方形（寓意方正、诚信、稳重）、一个六边形（重工业特点的螺丝套，寓意专业、精益求精的精神）、一个三角形（稳固·耐用·钻石·金刚石·信誉）三部分组合而成，其负形部分不仅为三个"1"，寓意拼搏进取、团队凝聚力向心力·行业领先龙头·领导者，还是徐工的"工"首字母"G"，寓意重工等含义。

4. 企业文化

企业愿景：成为全球信赖，具有独特价值创造力的世界级企业；

核心价值观：担大任、行大道、成大器；

战略目标：2025年进入世界工程机械前三名；

企业使命：探索工程科技，为全球工程建设和可持续发展提供解决方案；

企业精神：严格、踏实、上进、创新；

企业宗旨：满足超值需求，效力社会进步；

发展战略：巩固和提高公司在工程机械行业的竞争优势，大力发展专用车和核心零部件；

干部座右铭：忠诚信用，艰苦奋斗，尽职尽责，为人表率；

员工准则：忠诚信用，敬业守岗，团结协作，精准高效；

广告语：徐工徐工　助您成功！

综合管理方针：

诚信守法　　　以人为本　　　先进可靠　　　及时有效

持续改进　　　和谐发展　　　打造国际知名挖掘机品牌

5. 发展理念

徐工集团，紧紧围绕工程机械主产业的发展，以具有国内领先的高新技术产品支撑公司的战略发展，以计算机技术、电子监控技术、网络信息技术等高新技术改造、提升传统产品，增强综合竞争力，成为中国工程机械行业的领先者、国际工程机械市场强有力的竞争者，实现强大的、国际化、现代化企业集团的发展目标。

徐工集团的企业愿景是成为一个极具国际竞争力、让国人为之骄傲的世界级企业。徐工集团的战略目标是到2025年进入世界工程机械行业前3名。2017年12月12日，习近平总书记考察徐工集团时，鼓励企业要不断创新，一定把中国制造业搞好！

6. 主要产品与特点

（1）工程起重机械。

包括轮式起重机和履带起重机两大类型及众多型号的产品。

①轮式起重机（以QY40K型号为例，如图4-1）。

主要特点：QY40K汽车起重机采用全头大视野豪华型驾驶室，新型大圆弧、流线型操纵室，整机造型美观；采用五节椭圆形双缸加绳排伸缩主臂和两节副臂，大大扩大了整机的作业范围；流线型臂头设计与整车造型风格协调统一，采用新型主、副臂连接方式，方便用户拆装；配置了大功率环保型发动机，提高底盘的动力和通过性能。

图4-1　QY40K轮式起重机

②履带起重机（以QUY50型号为例，如图4-2）。

QUY50型履带起重机是在消化吸收国内的先进技术后独立研制的液压驱动、全回转、桁架臂式履带起重机，是国内第一个将先导比例技术应用于履带起重机的产品。该机操作简便、灵活，结构布局合理，整机行驶平稳，最大起重量50 t，主臂长13～52 m、副臂长9.15～15.25 m。

（2）摊铺机。

徐工摊铺机产销量连续十年遥遥领先，是全球领先的筑路机械专家，拥有道路建设与维护全套工序所需的各类产品。（下面以RP802型号为例，如图4-3所示）。

主要特点：

①动力传动技术：高效强劲。配置Deutz水冷柴油机，功率强劲，单体高压泵结构，柴油雾化好，经济性好，寿命长，适用范围广。选用德国林德及力士乐公司驱动液压泵及马达，配置高、寿命长，具有驱动扭矩大、负荷率低、性能可靠等优点。

图4-2　QUY50履带起重机

②控制技术：稳定精确。输分料实现同步传动，匹配最佳，输分料转速采用全比例控制，料位采用超声波自动控制技术，料位高度可稳定控制，手动挡转速可无级调节。分料转速控制：手动挡和自动挡可自由切换。电子自动找平，保证较高的平整度，可选择多种传感方式，自动化程度高，能满足高等级道路的施工要求。采用数字式微电脑控制，速度可预选，采用恒速自动控制技术，保证摊铺速度不受负载影响，速度稳定，在运动过程中可将摊铺作业速度自由地切换为转场行驶速度。

图4-3　RP802摊铺机

③输分料技术：可靠耐用。分料能力强，采用大螺距360 mm，大直径 Φ 420分料叶片，28BH加强型驱动链条，驱动能力比同类产品大25%。分料箱、分料链条等采用高强度设计，传递功率强劲，分料杆最大动力传递能力达5000 N·m，能实现全埋分料，可大大减少离析现象。分料箱中间采用两个反向叶片，减少了中间离析带。

④熨平板技术：成熟可靠。最成熟稳定的液压伸缩熨平板，合理的伸缩油缸与套管的尺寸配合，使熨平板伸缩部分的滑动具有卓越的精度，稳定性好，确保优质的摊铺质量。

⑤3点悬挂机构确保熨平板伸缩平稳。无级可调振动频率（575熨平板），满足不同的作业工况需求。采用了电加热，安全、环保、方便。

（3）挖掘机械。

包括大型挖掘机、中型挖掘机和小型挖掘机及众多型号的产品（以XE18型号大型挖掘机为例，如图4-4）。

图4-4　XE18挖掘机

主要特点：环保型高效低耗发动机；全套进口液压元件，控制精良，节能可靠；原装进口散热器，适应超强负荷及连续作业；坚固耐用的关键结构件，国际品质的底盘配置；强大的挖掘力、回转力以及牵引力；舒适的驾驶室，良好的视野及防护结构；符合二次环保排放标准；配备大容量进口冷暖空调、GPS卫星定位和远程监控系统。

（4）水平定向钻机（以XZ160型号为例，如图4-5）。

图4-5 水平定向钻机

XZ系列水平定向钻机主要用于在非开挖地表的条件下铺设及更换各类地下管线，该机性能先进、工作效率高、操作舒适，关键部件采用国际化配套，是供水、煤气、电力、电讯、暖气、石油等行业施工的理想设备。

主要特点：

①采用PLC控制、电液比例控制、负荷敏感控制等多项先进的控制技术。

②钻杆自动装卸装置，可提高工作效率，减轻操作者的劳动强度和手工误操作，减少施工人数，降低施工成本。

③自动锚固：液压驱动控制锚杆的钻进和回提。锚固力大，操作简单方便。

④减少辅助时间，工作效率更高。

⑤发动机具有涡轮增矩特性，遇到复杂地质时，能瞬时增加动力，确保钻进功率。

⑥动力头转速高，成孔效果好，施工效率高。

⑦单手柄控制推拉和旋转等多种作业，便于精确控制，操作简单舒适。

⑧绳系控制器，单人就能进行钻机的装卸车作业，安全高效。

⑨专利技术的浮动式虎钳，可有效延长钻杆的使用寿命。

⑩具有发动机、液压参数监测报警及多种安全保护，有效保护操作者和机器的安全。

（5）全地面起重机（以XCA220型号为例，如图4-6）。

起重性能最高的五轴220 t全地面起重机。臂长、作业性能行业领先，五轴底盘行驶动力强劲、机动性高，原创的全闭式液压系统提升操作微动性和平顺性，智能臂架技术、人

图4-6　XCA220型全地面起重机

机交互系统使产品更智能、作业更高效。

七节主臂73 m，副臂44 m，最大系统臂长可达108.2 m。

全桥转向，转弯半径小，三桥/四桥驱动自由切换，三驱用于公路行驶，行驶经济性高；四驱适应越野及场地转移，爬坡能力达到67%，行业最高。

任务4.2　认识中国制造三一重工品牌与文化

1. 企业简介

三一重工股份有限公司（以下简称三一重工）创建于1994年，总部坐落于长沙经济技术开发区。2003年7月3日，三一重工在上海证券交易所成功上市，股票代码为600031。自公司成立以来，每年以50%以上的速度增长。2018年位居世界工程机械行业第8位。

三一重工主要从事工程机械的研发、制造、销售，产品包括25大类120多个品种，主导产品有混凝土输送泵、混凝土输送泵车、混凝土搅拌站、沥青搅拌站、压路机、摊铺机、平地机、履带起重机、汽车起重机、港口机械等。目前，三一混凝土输送机械、搅拌设备、履带起重机械、旋挖钻机已成为国内第一品牌，混凝土输送泵车、混凝土输送泵和全液压压路机市场占有率居国内首位，泵车产量居世界首位，是全球最大的长臂架、大排量泵车制造企业。

2002年，三一重工在香港国际金融中心创下单泵垂直泵送混凝土406 m的世界纪录。

2007年12月，三一重工在上海环球金融中心以492 m再次创造单泵垂直泵送的世界新高。三一重工还研制出世界第一台全液压平地机、世界第一台三级配混凝土输送泵、世界第一台无泡沥青砂浆车。2007年10月，由三一重工自主研制的66 m臂架泵车问鼎吉尼斯世界纪录。2008年底，三一重工推出72 m世界最长臂架泵车，实现了对混凝土泵送技术的又一次跨越。2008年推出亚洲最大吨位全液压旋挖钻机和亚洲首台1000 t履带起重机。2009年，三一重工72 m臂架泵车刷新吉尼斯世界纪录，再次实现了对混凝土超长泵送技术的超越。三一重工自主研发出中国第一台混合动力挖掘机。2010年，三一重工研制出中国最大的1000 t级汽车起重机。2018年，以工程机械为主导的三一集团推出了一款具有革命性意义的互联网新产品——三一重卡，这款以互联智慧、高性价比著称的卡车，首批限量500台，售价仅27万元。2018年3月31日，三一重卡首次网络预售吸引了几十万"卡车人"的关注，近万人参与抢购。仅用53秒，500台三一重卡便售罄，销售额高达1亿3500万元，创造了重卡行业互联网销售纪录。三一重工已通过国家ISO9000质量体系认证、ISO14001环境管理体系认证、OHSAS18001职业健康安全体系认证和德国TUV认证。

2. 获得荣誉

（1）中国最具影响力百强企业。2007年8月26日，第二届中国最具影响力百强创新企业暨影响中国百名创新人物颁奖典礼在北京隆重举行，三一重工入选最具影响力百强企业。

（2）中国机械工业百强第11位。2008年4月24日，在北京举行的中国机械工业战略研讨会上，中国机械工业联合会公布了2007年中国机械工业百强企业排名。三一集团以销售收入突破135亿元的骄人业绩荣登榜单第11位。

（3）福布斯中国顶尖企业十强。2008年8月11日，《福布斯》发布了"2008中国顶尖企业榜"。2007年在这一榜单中名列第70位的三一集团，此番跃至第10位，是湖南"上规模的非国有企业"第一次取得如此佳绩。

（4）大学生最佳雇主再度花落三一。中华英才网发布了"第七届中国大学生最佳雇主调查报告"，三一集团位列其中。这是三一集团第二次上榜该榜单，也是此次上榜的唯一的装备制造企业。

（5）"一带一路"企业影响力50强榜单。2018年，在国家信息中心首次"'一带一路'企业影响力50强"榜单评选中，三一是唯一上榜的工程机械企业。

（6）全球工程机械50强第8位。《中国工程机械》推出"2017全球工程机械50强"排行榜，三一集团以59.3亿美元的销售额居第8位。

（7）三一SY395H型履带式挖掘机成功斩获"中国工程机械年度产品TOP50（2018）"最高奖项——金手指奖。

（8）三一SR285R-C10型旋挖钻机荣膺"中国工程机械年度产品TOP50（2018）"市场表现金奖。

3. 三一logo

"三个一"代表三个一流：一流的企业，一流的人才，一流的贡献；"三个一"呈螺旋形状，代表三一凝聚力；"三个一"突出包围圆圈，代表三一必将冲出中国，冲出亚洲，走向全世界，也代表着三一必将成为行业的一流品牌。

4. 企业文化

三一使命：创建一流企业，造就一流人才，做出一流贡献。

企业精神：自强不息，产业报国。

核心价值观：先做人，后做事，品质改变世界。

三一作风：疾慢如仇，追求卓越。

经营理念：一切为了客户，一切源于创新。

三一信条：人类因梦想而伟大，金钱只有诱惑力，事业才有凝聚力。

企业伦理：公正信实，心存感激。

5. 经营理念

在国内，三一重工建有遍布全国的100多个营销、服务机构，拥有56个服务网点仓库、6条800绿色服务通道。其自营的机制、完善的网络、独特的理念，将星级服务和超值服务贯穿于产品的售前、售中、售后全过程。

在全球，三一建有30个海内子公司，已建有印度、美国、德国、巴西等四大研发和制造基地，业务覆盖达150个国家，产品出口到110多个国家和地区。2017年三一海内营收再次领跑国内同行，成为行业国际化的"领头羊"企业。2018年，乘着"一带一路"的东风，三一进一步加快了国际化发展步伐，并用出色的品质，让世界重新感知"中国制造"的独特魅力。

6. 主要产品与特点

（1）泵车（以SY5630THB型号为例，如图4-7）：在混凝土泵送技术日新月异、蓬勃发展之机，三一泵车凭借其卓越的产品品质、完善的产品系列、优异的售后服务履行着"品质改变世界"的经营理念，让社会分享其自主创新的最新成果，充分展示了中国品牌走向世界的信心和实力。

三一是国内第一家独立设计臂架混凝土泵车的企业，2007年，由三一重工自主研制，代表国际最高技术水平的66 m臂架泵车问鼎吉尼斯世界纪录。

三一目前已成为国内最大的混凝土泵车生产基地，全球最大的长臂架、大排量泵车制造企业。其产量居世界首位。运用智能化、三维设计、计算机模拟仿真等先进技术，成功研制了28~66 m系列混凝土泵车，能充分满足各种用户的各种需求。

图4-7　SY5630THB 66 m混凝土运输泵车

（2）混凝土搅拌站（如图4-8）。

图4-8　HZS120/2HZS 240混凝土搅拌站

　　HZS系列混凝土搅拌站是三一重工自主开发的具有21世纪国际先进水平的搅拌设备，具有集物料储存、计组、搅拌于一体的综合功能，可满足各种类型混凝土的搅拌要求。三一重工是国内第一家将CAN总线技术引入搅拌设备控制系统应用的企业。

　　三一搅拌站的主要优势是高效率：HZS120实际生产效率达105~110 m³／h，比其他厂家生产率高12%以上；拥有四项专利技术的三一搅拌主机，采用进口专用行星减速机，耐磨衬板保用时间提高到6万罐次，比其他厂家提高20%；整机可靠性比其他厂家提高20%。结构件经久耐用，大部分电器元件选用国际知名品牌；计量精确稳定，保证混凝土的高质量；智能化的操作系统，操作方法简单、实用，设计安全、环保、人性化。

　　（3）混凝土搅拌运输车（以SY5250GJB型号为例，如图4-9）。

　　三一搅拌车可选配三一自制底盘、日野或五十铃等进口底盘。集优良匹配、设计、制造技术于一身的三一自制搅拌车底盘，采用全浮式欧系风格驾驶室，大功率、大扭矩、低噪声、低油耗、高可靠性的环保发动机，切向进气、带沙漠空滤器的进气系统，底推式或拉式膜片弹簧离合器，性能卓著的双中间轴变速箱，端面齿传动轴，双回路行车制动系统。全球独有专利设计——带举升装置三级配混凝土搅拌车。多项选装功能：车载冰箱，车载VCO、MP4，车辆制动防抱死系统（ABS），车辆防侧倾控制装置（ARS），全同步器变速箱，拉式离合器，子午轮胎，车辆行驶记录仪，全球卫星定位系统（GPS），电控恒速搅拌筒驱动控制系统等。

图4-9　SY5250GJB混凝土搅拌运输车

三一搅拌车依靠领先的技术和卓越的性能，在国内深受客户喜爱，并且走出国门，出口阿尔及利亚、苏丹、尼日利亚、阿联酋等多个国家。

（4）全液压平地机（以PQ190II型号为例，如图4-10）。

图4-10　PQ190II全液压平地机

三一重工精心设计制造的平地机，集世界先进技术于一体，是一种高效率、高可靠的优质产品。

主要特点是：全液压驱动技术——世界首创；传动路线短、传动效率高；行驶自动挡根据内负载的变化自动调整牵引力；功能强大的人机界面，实时显示平地机的工况；操作环境舒适、称心，符合人的行为习惯；高耐磨铲刀片——获发明专利及实用新型专利；摆架锁定装置——操作轻松方便；双回路行车制动技术——安全双保险；湿式多片停车制动器——制动力矩大，自动补偿磨损，安全平稳；具有降挡自动保护功能；整机结构布置合理，维护保养方便。

（5）汽车起重机（如图4-11）。

图4-11　STC75汽车起重机

卓越的性能树立行业新标准。

①领先的超长主臂，强劲有力：主臂全伸长45 m，最大起吊高度61 m，行业领先；起重臂采用高强度结构钢制作，大圆弧六边形截面，基本臂最大起重力矩2400 kN·m。

②底盘性能先进：最高行驶速度超过80 km/h，最大爬坡度40%；采用德国ZF转向技术，美国EATON公司变速箱技术，操纵轻便、可靠；发动机具备三模态输出功能，不同工况选择对应匹配的发动机输出功率，节省能源；采用12.00R24钢丝轮胎，耐磨承载能力强。

③新一代液压系统：高效、节能的作业性能，采用进口柱塞泵，液压系统为变量系统，可根据负载自动进行流量控制；主、副卷扬采用进口变量马达，轻载起吊速度快，单绳最大速度达130 m/min，作业效率高，节能效果好。

④专业的控制技术：采用三一自主开发具有专利知识产权的工程机械专用控制器，内置世界顶尖的PHILIPS32位CPU，控制精确、可靠性高。全面的吊重力矩保护、高度限位与报警功能，为作业提供可靠的安全保护。

⑤新型远程监控系统——会上网的起重机：自主研发的远程设备监控系统——"GCP全球客户门户网"，具备强大的设备运行工况、作业参数采集功能，可实施远程工况监控和远程设备管理；通过GCP门户网站，您可以足不出户掌握设备的运行状况、查询和订购所需配件。

⑥新颖的内观造型：欧洲顶级设计公司精心打造的"红色之星"系列产品，内观新颖，整体感强，彰显国际潮流；先进的模压、电泳工艺极大提升了产品的制造精细化度。

任务4.3 认识中国制造中联重科品牌与文化

ZOOMLION

ZOOMLION
中联重科

1. 企业简介

中联重科科技发展股份有限公司创建于1992年，2000年10月在深交所上市（简称"中联重科"，股票代码000157），是中国工程机械装备制造领军企业，全国首批创新型企业之一。主要从事建筑工程、能源工程、交通工程等国家重点基础设施建设工程所需重大高新技术装备的研发制造。公司注册资本15.21亿元人民币，员工20000多人。"2017全球工程机械50强"排行榜上，中联集团以37.96亿美元的销售额居第13位。

中联重科自成立以来年均增长速度超过60%，目前生产具有完全自主知识产权的十三大类别28个系列450多个品种的主导产品，是全球产品链最齐备的工程机械企业。其中，2008年收购意大利CIFA公司后，混凝土机械产品市场占有率跃居全球第一。塔式起重机年产量2000台、环卫机械年产量3000台，市场占有率均居国内第一。汽车起重机年产5000台以上，市场占有率国内第二位。中英文商标"中联"与"ZOOMLION"均被认定为"中国驰名商标"，多个系列产品获中国免检产品、中国名牌产品称号。畅销包含港澳地区的国内市场，并远销海内，深受用户青睐。

全球经济一体化的趋势下，中联重科以产品系列分类，形成混凝土机械、工程起重机械、城市环卫机械、建筑起重机械、路面施工养护机械、基础施工机械、土方机械、专用车辆、液压元器件、工程机械薄板覆盖件、消防设备、专用车桥等多个专业分、子公司，打造一个国际化工程机械产业集群！

2. 获得荣誉

（1）中联重科在2008年全球工程机械行业排名第17位，全国工程机械行业利润排名第1位；

（2）中联重科位列中国制造业500强第193名，日前国家统计局对全国制造业最新统计监测的结果显示，中联重科以145亿多元的年主营业务收入，位列2008年度中国制造业500强第193名，较之2007年的第240位，提升了47名。

（3）2008年中联重科跃升"中国机械500强"前50名。

（4）2015年中联重科工业车辆公司的R系列产品，一举荣膺"中国创新设计红星奖银奖"和"台湾金点设计奖"两项创新设计大奖。

（5）"2017全球工程机械50强"排行榜，中联集团以37.96亿美元的销售额居第13位。

3. 中联重科logo

Logo设计就是标志的设计，企业将它所有的文化内容包括产品与服务、整体的实力等都融合在这个标志里面，并通过后期的努力与反复策划，使之在大众的心里留下深刻的印象。新logo以"星耀灰、沙砾灰、极光绿"为最新标准色的VI系统充分演绎了"青出于蓝"的品牌主题，将中联重科"绿色制造"实力和走向全球的品牌魅力彰显无遗。新VI以更加现代、开放、包容的设计语言，升华了中联重科的国际品牌形象。新VI对中联重科的品牌标志"ZOOMLION"进行了全新演绎。"ZOOMLION"的英文含义为"呼啸的狮子"，在新VI的设计中，除了从宇宙万物及自然万象中汲取灵感之外，同时将这一理念在新的"Z"形标识中进行了浓缩与阐释。抽象化的狮子形象与字母"Z"高度融为一体，同时又使之更立体。

4. 企业文化

中联企业文化核心理念是"至诚无息，博厚悠远"。

译为：诚信为本，不息为体，日新为道；广博揽物，厚德载物，悠远成物，基业长青。取意于《中庸》第二十六章："故至诚无息。不息则久，久则征。征则悠远，悠远则博厚，博厚则高明。博厚，所以载物也；高明，所以覆物也；悠久，所以成物也。博厚配地，高明配天，悠久无疆！……天地之道，博也，厚也，高也，明也，悠也，久也。"

核心理念意涵"诚信、创新、执着、包容、责任"。

在核心理念统领下，形成了中联"一元，二维，三公，四德，五心，六勤，七能、八品"的价值观体系，这是中联重科的价值标准、道德标准、能力标准和企业品格的集中表述。在此基础上进一步发展出的"信任管理、分层管理"理念强调自律和敬业精神，在倡导以中国传统文化所推崇的标准做人的同时，要求以西方管理理念所提倡的规则做事，由此更好地兼容并蓄、中西融合，实现中国人做世界级企业的目标，"信任管理"与"敬业精神"是对中联价值观进一步深入的挖掘和发展。

5. 主要产品介绍

（1）混凝土泵车（以型号为52 m混凝土泵车为例，如图4-12）。

作为《混凝土泵车》行业标准的缔造者，中联重科秉承专业化发展的道路，以高新技术为核心竞争力，自主研发了一系列混凝土泵车，引领市场潮流。超前的设计理念，完美的内观造型，卓越的产品性能，高效的施工效率，低廉的经济成本，倾情打造高性价比的产品。

产品特点：

①知名底盘及动力：选用德国奔驰底盘，动力强劲，内观豪华，驾驶舒适，智能化程度高。高效发动机、功率自动匹配节能控制技术确保燃油利用率，比同类泵车油耗低25％。所有排放均达到欧Ⅲ标准，环保节能。顶级品牌的分动箱：采用德国STEIBELL等

图4-12　52 m混凝土泵车

公司的分动箱，结构紧凑，密封性好，重量轻，润滑充分，性能可靠。

②高效的泵送系统：中联泵车采用大方量泵送技术，最大理论方量可达165 m³/h。意味着同等时间内能产生更高的经济效益。泵送系统优化设计，高吸料性，实际泵送效率达到理论值80%以上，吸入效率高出同行10% ~ 15%，经济性好。采用砼活塞自动退回技术，更换活塞省时省力；机械液压双重限位，安全可靠。

③可靠的臂架系统：以精确的数据支持为基础，通过有限元分析、模态分析、动力学分析计算和反复试验，确保臂架系统结构合理，性能优异。精工制造：臂架选用高质量瑞典700 ~ 900 MPa高强度钢板制造，可靠性高；每一块钢板、每一条焊缝均通过100%无损探伤，工艺严谨，耐用性突出。带压力补偿、负载敏感的比例控制系统，使得臂架运行实现无级调节，速度快慢自如，操作性能极佳。采用新型摆动油缸缓冲技术，确保臂架侧向冲击小。

④支腿、OSS单侧支撑技术：支腿有X型支腿和摆动腿，形式多样化，可充分满足各种施工工地的要求。具有OSS单侧支撑技术的泵车可根据实际施工场地的要求，调整支腿单侧展开进行施工，提高了泵车对场地的适应性。

⑤液压系统：采用世界知名品牌力士乐、川崎、哈威、西德福等液压元件，使用寿命长，可靠性高。全自动高低压切换技术使得在进行高低压切换时，只需轻轻按下电控按钮就能全部完成，无须拆管，无任何泄漏，从而快速排除堵管。

⑥电控系统：自主研发的节能控制技术，使发动机输出功率随负载变化自动匹配，油耗降到最低。采用智能控制和智能诊断，泵送流程自适应调节平稳控制技术，系统参数实时监控技术，数据自动分析、处理系统，使泵车拥有完善的自我保护功能。GPS卫星定位、GPRS设备运行远程监控管理系统：准确的定位、全方位的数据监控和管理，使您足不出户就能掌握和控制设备的运行工作状态。

（2）混凝土搅拌运输车（以ZLJ5255GJB1为例，如图4-13）。

产品特点：

①高性能的搅拌筒：大容量的搅拌筒配以全新设计的双对数变螺距螺旋叶片，在搅拌质量和出料速度间取得完美平衡，既能怠速出料满足泵送需要，又能保证混凝土搅拌的匀

图4-13　ZLJ5255GJB1混凝土搅拌运输车

质性。耐磨新型材料B520JJ在搅拌筒体及叶片上的逐步推广，有效地延长了搅拌筒的使用寿命。筒体焊接采用焊接机械手自动焊接，质量更加稳定可靠。

②完备的安全、环保措施：较低的搅拌筒安装角度使整车重心更低，具有更好的行驶稳定性和通过性，出料更顺畅。较大容量的搅拌筒加上专门在出料槽处设置了挡料装置，可防止混凝土的意外溢出，保持城市道路的清洁。坚固的侧防护装置、后防护装置，及车身后部粘贴反光膜，使驾驶更安全。

③国际知名品牌的液压传动件：优质的液压传动件是搅拌车工作可靠的重要保障，因此世界知名品牌的产品在中联重科的产品上得到应用。

④便捷灵活、风格各异的操纵系统：驾驶室和车后两侧使用连杆操作实现三点联动，简单方便；控制器带操纵软轴的操作形式，安全、可靠；电控操作形式节能、舒适，充分体现人性化。

⑤底盘：底盘占了整车价值的70%~80%，使用质量可靠、服务有保障的底盘十分重要。中联重科深谙此理，精选国内可靠底盘，进口的包括奔驰、日野、五十铃底盘，国产的包括重汽豪沃、东风大力神及陕汽佳龙等，满足各种需求。

（3）沥青路面就地热再生成套设备（以LZ4500为例，如图4-14）。

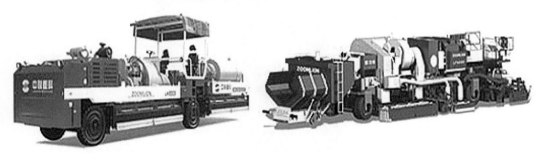

图4-14　LZ4500沥青路面就地热再生成套设备

中联就地热再生成套设备是世界上第一套采用热风循环加热方式的综合式就地热再生机组，是中联重科根据国内热再生市场需求自主研发的新一代高新技术产品，是符合中国国情的绿色环保型路面施工设备，该项目已申报多项发明专利和实用新型专利。

中联就地热再生成套设备由LR4500型加热机和LF4500型复拌机组成，加热机和复拌机均是全液压驱动的自行式设备，采用热风循环加热方式，在复拌机上集中了路面加热、耙松、添加新料、再生剂和乳化沥青喷洒、搅拌和双层摊铺熨平等多项功能。

主要特点如下：

①可满足多种就地热再生工艺（如复拌、加铺等）的施工要求；

②采用热风循环的加热方式，热效高，施工无烟气，与进口同类产品相比，燃料费用节约40%，更环保节能；

③以柴油为加热燃料，采购成本低，燃料使用上更方便更安全，也容易获得施工许可；

④针对国内路面基层含油低的问题，特别增加了喷洒乳化沥青的功能，可同时进行再生剂和乳化沥青的喷洒，更适于国内用户；

⑤设备均采用全液压驱动，施工时可随时无级调整各工作装置的作业宽度，操作可靠方便；

⑥复拌机采用再生料防离析装置及控制，有效避免国内同类机器在施工中出现的离析现象；

⑦复拌机采用前后桥全驱全转行走系统，转弯半径小，并可蟹行，行动灵活，设备维护空间大，便于保养维修；

⑧整机控制采用工程机械专用控制器显示器，使用CAN总线通信技术，具有人机交流、自我诊断、维护向导、数据管理等功能，智能化水平更高，大大方便了设备的操作和维护。

（4）中联重科工业车辆公司"R"系列产品（以FD30/35/38内燃平衡重式叉车为例，如图4-15）。

2014年度中联重科工业车辆公司R系列产品闪耀上市，多次在国内外大型展会中崭露

图4-15 FD30/35/38内燃平衡重式叉车

头角，好评连连。定位中高端、走在工业设计前沿的R系列产品，凸显了现代人对创新及个性化操纵需求的执着追求，展现了现代工业的创新设计理念和设计风格，一举荣膺"中国创新设计红星奖银奖"和台湾"金点设计奖"两项创新设计大奖。

"中国创新设计红星奖"由中国工业设计协会、北京工业设计促进中心联合举办，在中国工业设计界享有"奥斯卡"之美称，该奖项与德国"红点奖"、美国"IDEA奖"、日本"G-MARK奖"齐名。自创立以来，"红星奖"通过鼓励企业自主设计创新，总结模式，提炼典型，树立示范，引领"中国制造"走向"中国智造"的工业化创新发展道路，也带动了更多企业走上自主创新之路。"金点设计奖"在台湾拥有33年历史，是台湾历史最悠久、最权威且最富知名度的专业设计竞赛。2014年首度将报名资格扩大到全球的华人市场（新增中国大陆、中国香港、中国澳门、新加坡、马来西亚五地），参赛厂商有数千家，报名作品累计上万件，享有"全球华人市场最顶尖设计奖项"和"设计界的金马奖"之美誉，两项大奖的获得再度证明了中联重科的创新研发能力和设计水平。

产品特点：

①效益之"王"。

在同等配置下，可操作性更强、载重能力更高、经济实用、维护成本低；

液压系统高效节能，降低整车的燃油消耗；

全系列发动机符合欧洲EC和美国EPA废气排放标准，达到最佳动力输出和低油耗、低噪声；

高质量的发动机和变速箱的完美组合，大幅度增强了牵引力、爬坡力和起升速度，提高了叉车的工作效率。

②操控之"王"。

操纵手柄优化后合理布置，有效降低手臂的疲劳度；

轿车化的双手柄组合开关设计，使操作更加简洁自如；

宽敞的上下车踏板和驾驶空间，减少腿部操纵疲劳；

加宽的门架设计，使视野大幅度改善；

起升系统带有上下缓冲，有效地降低了门架的冲击和振动。

③可靠之"王"。

停车制动增加安全保护措施；

发动机熄火均采用电熄火控制系统；

护顶架由异型钢焊接而成，采用开放的板条形式，高强度的车顶更加安全；

高压管路均采用钢管结台高压胶管，布置更合理、隐蔽、安全；

选配高配置操作感应系统，作业过程中驾驶员离开座椅时，系统会切断行驶动力，防止事故发生。

任务4.4　认识中国制造柳工品牌与文化

1. 企业简介

广西柳工机械股份有限公司（上市公司代码：000528）始创于1958年，前身为从上海华东钢铁建筑厂部分搬迁到柳州而创建的"柳州工程机械厂"，于1993年在深交所上市，成为中国工程机械行业和广西第一家上市公司。

（1）现代化的研发制造基地和技术领先的产品：国内有九大制造基地，分别位于柳州、上海、天津、镇江、江阴、蚌埠等地。2008年公司在印度投资建设第一个海内研发制造基地。公司发展了技术领先、质量可靠、性能完善的全球工程机械主流产品线，包括轮式装载机、履带式液压挖掘机、路面机械（压路机、平地机、摊铺机、铣刨机等）、小型工程机械（滑移装载机、挖掘装载机等）、叉车、起重机、推土机、混凝土机械等。

（2）覆盖全球80多个国家和地区的营销网络：柳工装载机产品多年来市场占有率稳居国内第一，是装载机行业和市场的领导品牌。柳工致力于以优良的产品品质和人性化的服务，不断提升用户满意度水平，积极开拓国际市场，先后在澳大利亚、印度、美国、南美、欧洲设立子公司和营销公司，产品市场遍及80多个国家和地区。通过强化市场品牌建设策划和投入，公司持续在国际市场打造中国工程机械行业最具影响力的国际品牌。

（3）行业领先的自主创新和产品研发实力：公司拥有国家首批企业技术中心，建立了博士后工作站，产品研发水平和技术性能始终保持行业领先地位。从1966年研制成功我国第一台轮式装载机开始，相继研制出奠定中国装载机发展基础的Z450，中国第二代装载机的代表产品ZL40B和ZL50C，中国最大吨位的装载机ZL100，中国第三代装载机的代表ZL50G，世界第一台高原型装载机ZLG50G，中国第一台最低排放的装载机CLG856II，中国最大、世界第三的大型装载机CLG899III。高原型装载机ZLG50G获2004年国家科技进步二等奖。柳工CLG870H型轮式装载机于2017年1月上市，采用全自动变速+FNR控制系统，国内首创单层横置式散热技术，散热性能提升5%。2017年销售153台，市场占有率47.9%，打破了国外品牌7 t级装载机在国内市场的垄断。柳工不断努力开发高新技术产品，2017年3月举行的美国拉斯维加斯国际工程机械展上，柳工携13款强悍设备参展，备受国内外客户关注。作为目前柳工挖掘机产品梯队中吨位最小的成员，柳工CLG9035E微型挖掘机设计精良，达到了国际领先水平，即使在极为严苛的美国拉斯维加斯国际工程机械展现场，该款挖掘机也备受好评。

2. 获得荣誉

（1）中国制造业500强企业。

（2）2008年世界工程机械50强企业第26名。

（3）2007年最具全球竞争力中国公司50强。

（4）2008年中国机械工业100强第12名。

（5）最具投资价值上市公司。

（6）高原型装载机获国家科技进步二等奖。

（7）2011年获"全国文明单位"荣誉称号。

（8）2017～2018年连续两年获"中国工程机械年度产品TOP50技术创新金奖"。

（9）2018年柳工CLG870H装载机荣膺"中国工程机械年度产品"金口碑奖，该奖项是组委会特别增设的一项综合大奖。

3. 柳工logo

柳工旧标识是1996年开始启用的，柳工从单一制造装载机的厂家发展成为装载机、挖掘机、压路机、平地机和摊铺机等多种工程机械的制造商。面对快速变化的竞争环境和柳工自身不断的发展，随着业务的变化和战略的调整，2005年10月19日柳工启用了新标识。新标识是柳工重新定位的外在表现，要通过新标识让用户认识新的柳工。同时，新标识代表了柳工新的企业形象，朝着更高、更长远的目标发展。此次换新标识使柳工的品牌内涵更加清晰，更加体现了柳工坚定不移地向"中国工程机械行业的第一个国际化品牌"的目标努力前进。

柳工新标识蕴含了丰富的寓意：标志由一条开出的通途、工程机械的动臂和铲斗组成，体现工程机械的行业特征，寓意"柳工——工程机械行业的开路先锋"的角色。呈现出L和G的字母形态，源自柳工英文名称的缩写。采用直线和圆角的组合，表现力量与亲和的有机结合，传达了"柳工是个可靠、亲和的伙伴"的信息。主体采用深蓝色，象征柳工稳重、可靠、专业、高品质的形象。橘色的点缀则体现了公司的开放、亲和、有活力的个性。蓝色的稳重与橘色的富于活力组成了柳工"踏实和灵活"的新形象，传达了"柳工总能带给我一些新想法，与柳工的交往让人感觉安心，也有一点与众不同"的信息。该标志传达了可靠、开放、国际化、充满力量和亲和力、专注于品质的柳工形象。柳工，透过协同合作创造价值的工程机械品牌。

4. 企业文化

柳工倾力打造具有独特内涵的企业文化，并使之成为驱动公司不断向前发展的原动力。柳工60年的发展历史，融合了艰苦创业、居安思危、民族自强、自主创新、合作发展等优良的文化基因，发展出底蕴深厚、富有责任感和合作意识的企业文化体系。公司以企业文化育企业之"本"、铸企业之"魂"、谋企业之"道"、塑企业之"形"，造就了一个具有强烈社会责任感的团队。

柳工使命——致力于为客户提供卓越的工程机械产品和服务。

柳工愿景——成为工程机械行业世界级企业。

柳工口号——世界柳工、源自中国。

柳工核心价值观——客户导向，品质成就未来；以人为本，合作创造价值。

5. 发展理念

柳工视振兴中国工程机械工业为己任，致力于为客户提供卓越的工程机械产品和服务，立志成为工程机械行业世界级企业。通过"客户导向，品质成就未来；以人为本，合作创造价值"的柳工核心价值观的引导，与股东、员工、供方、经销商和社会各界一道，为创造更高品质的产品和服务、为建设更美好的环境和家园而共同努力。

6. 主要产品介绍

（1）装载机（以柳工856Ⅲ轮式装载机为例，如图4-16）。

图4-16　856Ⅲ轮式装载机

产品性能：

①尖端科技铸就领袖品质：整机设计严格按照CE要求。驾驶室通过FOPS＆ROPS认证。应急转向系统。工作液压系统采用双泵合流，有自动卸荷功能，减少能量损失。发动机进气系统增加空气预滤器，延长空气滤芯的更换周期。

②宽敞、舒适、安全的驾驶空间：豪华驾驶室，操作舒适，视野好，低噪声。左右双制动踏板，兼顾行车和作业工况。冷暖空调，保证舒适的操作环境温度。合理的操作手柄及方向盘布置，操作更轻松。排放符合EU StageⅢ和EPA TierⅢ。采用风扇马达独立散热系统。增压密封驾驶室和低噪声发动机，降低机内辐射噪声和司机耳边噪声。

③拥有整机可靠性好的巨大优势：工作装置和车架的安全系数大，强度高、抗扭，能适应各种恶劣的工况。八连杆的工作装置平移更好，传速比更高。动力传动液压制动等关

键部件与国际著名部件制造商配套，品质有保证。快换装置实现多种工作装置轻松切换。

④高质量高效率的科学技术：全自动动力换挡变速箱，KD功能，简化操作。速度快，前四后三，最高车速37 km/h。单手柄控制集成换挡操纵（有KD功能）和液压先导操纵，快捷高效。动臂减震系统，减小物料运输中的撒落。

（2）挖掘机（以柳工925LC液压挖掘机为例，如图4-17）。

图4-17　925LC液压挖掘机

产品性能：

①世界一流品牌的高端配置：发动机、液压元部件、四轮一带、电磁阀、蓄电池等采用知名品牌产品。豪华型超大空间驾驶室。轻巧灵活的操作方式。高刚性整机结构。

②舒适、安全、便捷的操作环境：大容量无氟环保空调，全方位立体送风。悬浮式座椅可调节至最佳位置，更加舒适。驾驶室采用硅油减震器进行减震，大大降低驾驶室的震动，提高舒适性及工作效率。驾驶室密封性能良好，有效隔离工作时噪声干扰，减轻疲劳。车上配有收放机，空闲之余还可以享受音乐带来的乐趣。骨架式结构驾驶室，可加装防落物、防飞溅装置，有效保护操作手的人身安全。

③操作便捷：采用电子式油门控制，轻松操作，控制更加精确，更加省油。先导手柄操作省力、灵敏度高，对动臂、铲斗的微小动作控制更加准确；采用以人体工程学为基础的设计，各种操作手柄分布合理，人性化设计，方便可及。

④动力强劲的康明斯柴油机：低排放、低噪声、高效率、可靠性好，先进高效的液压系统。采用高品质的液压元件，保证液压系统的高效率和耐久性。采用先导操作技术，保证整机高效工作。采用负荷传感液压系统，没有流量损失，保证各动作流量成比例变化。

⑤合理布局和优化设计，保证整机高可靠性：合理分布的下部机构。重力均布回转平台。优化型动臂、斗杆。优质铲斗。

（3）小型工程机械（以柳工766挖掘装载机为例，如图4-18）。

图4-18　766挖掘装载机

产品性能：

①繁杂工作好帮手：结构件为整体车架，整机稳定性好，更加适合挖掘作业。采用潍柴道依茨TD226B-4发动机，保证整机具有良好的使用性能和寿命。传动系统由意大利的Carraro公司提供，后桥带差速锁、多片湿式制动。制动系统采用广泛应用于汽车工业中的真空助力器，整机制动更加安全可靠。液压系统可以实现电控、自动高低流量撤换，保证装载作业时整车有足够的牵引力，功率分配更加合理，提高了系统的可靠性。转向液压系统采用Eaton公司的优先转向技术。挖掘工作装置采用中置式（Centermounted），可加配破碎锤。动臂、斗杆采用梯形结构，重量轻，强度高，结构稳定性好；装载端工作装置采用八连杆机构、四合一斗。整车减震器均选用世界著名品牌德国洛德（Lord）公司产品，并经过理论验算，减震效果良好。

②宽敞舒适的驾驶室：驾驶室宽敞明亮，内部是流线型的设计，感觉舒服。四面玻璃结构，左右两侧门窗可以打开并相互锁定；后窗两块玻璃结构，上玻璃可上下移动；前罩低，前进时通过小玻璃可看见前轮，驾驶操作轻松自如，视野好。角度可调式方向机，适合不同体形的司机操作；驾驶室隔音效果好，司机耳边噪声只有78 dB。安全舒适。

③世界尖端品质保证和优秀的性价比：动力装置——采用潍柴道依茨TD226B-4发动机，保证整机具有良好的使用性能和寿命。变速箱——Carraro公司4挡位同步器换挡变速箱。驱动桥——Carraro公司驱动桥。泵——采用Permco公司双联液压泵。阀——美国Husco公司的整体阀三联装载阀及六联整体挖掘阀，挖掘端可配置辅助联，可以实现自动、手控高低流量切换，保证装载作业和行车过程中有足够的牵引力，功率分配更加合理，提高了系统的可靠性。Eton公司优先阀。配有两轮驱动和四轮驱动切换电磁阀，可以实现两种驱动模式。但挂4档高速行驶时自动变为两轮驱动；使用行车制动时，自动变为四轮驱动。

任务4.5　认识中国制造龙工品牌与文化

LONKING 龙工

1. 企业简介

中国龙工控股有限公司，简称"龙工"，创立于1993年；2005年在香港联交所主板上市（股票代码：3339），是中国工程机械行业第一家境内上市公司，2017年名列"全球工程机械50强"中的第33位、"中国机械工业企业核心竞争力100强"榜和"全国百家侨资明星企业"榜。

凭借公司技术研究院强大的技术研发实力，自行开发及制造具有核心竞争力的变速箱、变矩器、驱动桥、液压油缸、齿轮、管路、传动轴等核心零部件。公司产品覆盖装载机、挖掘机、压路机、平地机、叉车等多种机械，型号超过200种。其主导产品龙工牌装载机是"中国名牌产品"，龙工商标是"中国驰名商标"；挖掘机产品经专家鉴定达到"国内一流、国际领先"水平；压路机、叉车、平地机及核心零部件产品跻身国内外先进行列。

公司在福建、上海、江西、河南四大基地拥有19家全资子公司，占地4000多亩的生产厂房和11000多名的员工；生产设备均采用目前国内同行最为先进的装备；质量管理体系先后通过了ISO9001：2000和ISO9001：2008认证。公司集团产能5万台，销售总额突破92亿元；公司积极拓展国际市场，出口业务稳步推进，产品远销东南亚、中东、独联体、欧盟和非洲等40多个国家和地区。

2. 获得荣誉

（1）2006年获得国家质量监督检验检疫总局"中国名牌产品"称号；
（2）2007年中国机械工业企业核心竞争力100强；
（3）2007年获得中国工商行政管理总局商标局颁发的"龙工"中国驰名商标；
（4）龙工叉车荣获"2011年十大新锐品牌奖"；
（5）中国龙工获2011工程机械服务50强；
（6）中国龙工获2011全球机械制造50强；
（7）获2018年全球工程机械制造商50强。

3. 龙工logo **LONKING 龙工**

龙工全称为中国龙工控股有限公司，是李新炎于1993年在福建省龙岩市创立的一家大型工程机械制造企业，简称龙工。龙工简单大气的标志，体现了龙工人永不止步、持续超越，不断跃居群雄的精神。龙工品牌是产品的标志，是企业形象的象征；龙工品牌价值的本质，就是客户价值，就是企业对消费者承诺的信物。

4. 企业文化

企业核心文化理念：产品畅销来源于质量，企业前途依靠于拼搏，人生价值着重于奉献。

治理企业方针：靠人才，抓管理；上质量，创名牌；取信天下，跃居群雄。

企业营销原则：公司始终坚持"销售代理制"这"一大原则"。

企业管理理念：不断强化"质量、服务、性价比"这"三大优势"。

企业愿景：成为"令人尊敬的全球工程机械卓越运营商"。制定了2006~2020年"二轮创业"发展纲要，全面实施"国际化定位·跨越式发展"的战略，以效率推动未来，努力推动世界工程机械行业的进步与发展，健步走上了由"中国名牌"向"世界知名品牌"的战略跃升的伟大征程。

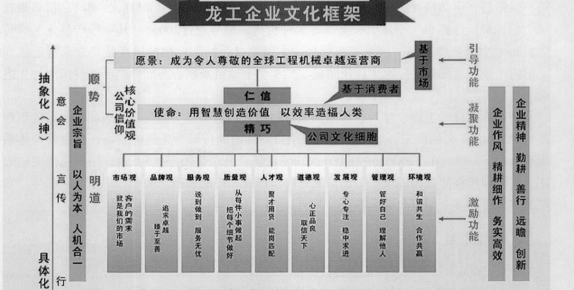

5. 发展理念

2006年在全面总结过去十多年跨越发展成功经验的基础上，高瞻远瞩站在时代的高度和国际市场的前沿，制定了2006~2020年"二轮创业"发展纲要，全面实施"国际化定位·跨越式发展"的战略，以效率推动未来，努力推动世界工程机械行业的进步与发展，健步走上了由"中国名牌"向"世界知名品牌"的战略跃升的伟大征程。

6. 主要产品介绍

（1）装载机（以LG833型号为例，如图4-19）。

图4-19　LG833型装载机

产品特点：

LG833轮式装载机是龙工精心设计的产品之一，该机型车架结构、工作装置、液压系统及内观方面都具有独到之处：

①发动机选用德国道依茨TD226B-6，动力强劲，节能环保。

②变速箱选配龙工ZL30.03型变速箱或ZL30E.5G型变速箱，给客户一个灵活的选择，前者牵引力大，后者结构简单，维护方便。

③工作装置连杆机构计算机优化设计，卸载高度及卸载距离超过行业标准要求，卸载高度可达2900 mm，满足大吨位卡车的装卸要求，在同行中属佼佼者。

④前后车架结构采用有限元分析，大跨距铰接结构，铰接销受力改善，强度高，可靠性好。

⑤新款豪华流线型内观设计，造型美观、视野开阔；弹性悬挂的驾驶室，可选装空调，给用户提供舒适的环境。

⑥铲斗针对岩石的工况进行设计，两边增加边齿，强度高耐磨损。

⑦采用双泵合流系统、全液压转向，轻便灵活，节能降耗，作业效率高。

⑧根据用户或不同工况需要，可选择煤炭加大斗、侧卸斗、夹木叉等多种工作装置，并可配装快换装置。

（2）轮胎压路机（以LG530PH型号为例，如图4-20）。

LG530PH轮胎压路机功能特点：

本系列压路机是一种自行式轮胎压路机，最大工作质量达30 t，为超重型压实机械，压实效果好，生产效率高，主要用于道路路面工程中的各种沥青混凝土、各种稳定土和沙砾混合料的压实，也可用于路基工程，可广泛用于公路、市政工程、机场、港口、码头、堤坝和各种工业建筑工地中。

工程**机械**文化（修订版）

图4-20 LG530PH型轮胎压路机

①动力采用国际名牌康明斯系列发动机，动力强劲。

②最大工作质量达30 t，为超重型压实机械，压实效果好，生产效率高。

③配有加砂仓，用户可自行配置车重，操作方便。

④全液压驱动，采用国际名牌闭式液压系统元件，性能优良，质量可靠，爬坡能力强。

⑤采用无级变速，方便与其他机型协同工作。

⑥进口水泵，防干烧能力强；水压强劲，洒水更可靠。

⑦设有紧急制动、工作制动和停车制动三级制动装置，制动更可靠。

⑧双操纵台设计，看边性能强，操作互不干涉。

（3）平地机（以LG1220型号为例，如图4-21）。

图4-21 LG1220型平地机

LG1220平地机功能特点：

本机是一种铰接自行式平地机，适合基础工程的大地面平整工作，也可用于挖沟、刮坡、堆土、松土、除雪作业，是建设高等级公路、铁路、机场、港口、堤坝、工业场地和

·120·

农田平整的多用途高效率现代化施工设备。

①动力配置为康明斯6CTA8.3发动机，动力强劲，性能可靠。

②采用德国ZF公司技术的液力换挡变速箱，三元件变矩器，进口密封件、操纵阀、档位选择器；效率高、可靠性高、寿命长。

③采用美国HUSCO多路阀，德国力士乐制动阀、限压器和美国NO-SPIN差速器，性能优良，质量可靠。

④摆臂式连杆机构的工作装置，刚性好，作业范围广。

⑤标配免维护滚盘式回转装置，回转平稳，精度高，适应恶劣工作环境。

⑥整机采用大倾斜内观造型，整体金属机罩，满足1 m×1 m视距标准要求。

⑦驾驶室标配冷暖空调，安全舒适。

⑧根据用户需要可选装前推土板、后松土器等附件。

任务4.6　认识中国制造山推品牌与文化

SHANTUI

1. 企业简介

山推工程机械股份有限公司是中国生产、销售推土机等工程机械系列产品及零部件的国家大型一类骨干企业，全球建设机械制造商50强、中国制造业500强、中国机械工业效益百强企业。

山推成立于1980年，注册地址山东省济宁市，注册资本7.59亿元人民币，总资产38亿元，员工3270人，占地面积100多万平方米。

山推股份现有8家控股子公司和4家参股子公司。拥有国家级技术中心，公司制造能力、产品质量、研发能力处于国内领先和贴近国际先进水平。在中国推土机行业内多年保持了"销售收入、销售台量、市场占有率、出口创汇、利润"五个第一的优势。产品出口100多个国家和地区，出口创汇居行业首位。

山推股份1997年1月在深交所挂牌上市（股票代码为000680），入选"沪深300指数股"。山推商标系中国驰名商标，山推牌推土机为中国名牌产品、中国机电商会推荐出口品牌，山推品牌位居中国500最具价值品牌排行榜376位。公司已通过ISO9001质量体系认证、ISO14001环境管理体系认证及CE认证。2007年成为国家"一级"安全质量标准化企业，2008年荣获全国五一劳动奖状。山推人向着国际化的工程机械制造商而努力奋斗，"2017全球工程机械50强"排行榜上，山推以10.33亿美元的销售额居第33位。

2. 获得荣誉

（1）2006年，公司入围全球建设机械制造商50强；

（2）2007年成为国家"一级"安全质量标准化企业；

（3）荣获2007年度山东省纳税先进企业荣誉称号；

（4）2007年9月，山推牌推土机荣获"中国名牌"称号；

（5）连续18年被中国质量协会评为用户满意企业；

（6）2010～2014年山推股份公司连续五次获得"中国工业行业排头兵企业"称号；

（7）2014年山推获得第七届中国工程机械CIO高峰论坛"2014年度品牌营销创意奖"；

（8）2015年重磅推出全球首台燃气推土机、国内首创无人驾驶推土机等山推全系列新品；

（9）2015年4月山推SD16PLUS推土机荣获"中国工程机械年度产品TOP50（2015）金手指奖"最高奖项；

（10）2017年山推JLB3000高原型沥青搅拌站荣获TOP50（2017）年度产品奖。

3. 山推logo　**SHANTUI**

1980年1月，由济宁机器厂、济宁通用机械厂、济宁动力机械厂合并成立山东推土机总厂，简称山推。山推工程机械logo是中国十大机械公司中设计风格国际化性质最强的一家公司，其将三角形的元素作为背景，采用的是图形渐变的设计形式，在logo设计中算比较独特的，标志中最出彩的应该属于A字母的设计，将单独的色块融入标志中，与logo左边的三角形元素相互呼应。其logo的设计深层含义上有着不一样的诠释，将图形与字体精密地结合在一起，既独特又稳重；在字体的设计上采用大写英文字母的设计形式，标志虽然简单却蕴含着企业独特的文化，用最简单的工具做出最大的工程。

4. 企业文化

展望未来，市场竞争将会越来越激烈，企业文化将成为企业生存的基础，山推人会以更加积极的心态、更加开放的思维、更加坚实的步伐去迎接挑战，这就决定了山推的企业文化需要在继承的基础上进一步优化和提升。山推在近40年的发展历程中，通过不懈的努力，从立足国内到融入国际，从国内合资到融资上市，取得了一个又一个辉煌的成就。在这一过程中，山推也积淀了众多优秀的文化基因和优良传统，形成了山推特有的企业文化。"与诚信一脉相承、中西合璧、立足现实、放眼未来"是山推企业文化的特征。秉承"厚德坚韧创新奋进"是山推企业文化的内涵，"学习、改善、创新、超越"是山推精神，"自强不息、追求卓越，以一流的业绩回报客户、股东、员工与社会"是山推的使命。

"以人为本"是山推企业文化的重要理念，人才是第一资源，是企业的发展之本、竞争之本。在山推，有广阔的个人发展空间、优良的个人成长环境、有效的绩效考核激励机制、丰富的企业文化和优厚的福利待遇。

人才战略一直是山推公司发展战略的重要组成部分，"知人善用、人尽其才"是山推的用人宗旨，"吸纳人才、发展人才"是山推的一贯方针，也是山推人才战略的核心。

2017年3月山推"客户关爱行"活动启动。"从心出发，成就价值"，山推始终将心比心、温暖人心，山推是工程机械行业里的一面旗帜、一个品牌。

5. 发展理念

山推股份经营理念：精心打造中国工程机械，全力铸就国际工业品牌。

山推股份的发展战略：壮大主业、拓展新业，整合资源、精益管理，协同发展、融入国际。

山推股份的愿景：打造具有国际竞争力的工程机械制造基地，成为国际化的工程机械制造商。

6. 主要产品介绍

山推股份生产有众多品种的工程机械产品，如推土机、压路机、装载机、挖掘机、平地机等。但是其中推土机系列最为齐全，也最具特色。

（1）大马力的履带式推土机：SD42-3大马力履带式推土机（如图4-22所示），主要用在矿山、露天煤矿等大型工程，能适应较恶劣的作业环境。其主要特点：单手掌控制的电控变速、转向系统；PPC阀先导比例控制的工作装置操纵；K悬挂浮动式行走系统；全球智能服务系统；集中测压、集中润滑、履带自动张紧；翻车保护装置（ROPS）和落物保护装置（FOPS）。

（2）极寒型推土机：SD32G极寒型推土机是山推根据寒冷作业工况的需要，在SD32的基础上自主研制开发的产品，该机采用液力传动，液压操纵技术，结构先进合理，性能稳定可靠，操纵轻便灵活。配备发动机冷起动装置和寒冷地区专用驾驶室，最低适应温度-40℃，是寒冷地区施工的理想作业设备。

图4-22　SD42-3最大马力履带式推土机

（3）森林伐木型推土机：SD32F森林伐木型推土机是山推根据森林作业工况的需要，在SD32的基础上自主研制开发的产品，该机采用液力传动，液压操纵技术，结构先进合理，性能稳定可靠，操纵轻便灵活，前伸的保护架可有效保护机器和人身安全，可配备液压绞车，具有自救功能，特别适合在森林作业。

（4）沙漠型推土机：SD32D沙漠型推土机是山推根据沙漠作业工况的需要，在SD32的基础上自主研制开发的产品，该机采用液力传动，液压操纵技术，结构先进合理，性能稳定可靠，操纵轻便灵活，配备沙漠专用散热器和空滤器，特别适合沙漠地区使用。

（5）岩石型推土机：SD32W岩石型推土机（如图4-23所示）是山推根据风化岩、冻土等恶劣、重型作业工况的需要，在SD32的基础上自主研制开发的产品。该机采用液力传动，液压操纵技术，结构先进合理，性能稳定可靠，操纵轻便灵活，采用岩石型专用履带和铲刀，耐磨性能显著提高，非常适合风化岩石层、冻土层等重型工况。

图4-23　SD32W岩石型推土机

（6）标准型推土机：SD32推土机（如图4-24所示）是山推根据土石方工程恶劣作业工况的需要，在山推TY320B的基础上自主研制开发的产品，该机采用液力传动，液压操纵技术，结构先进合理，性能稳定可靠，操纵轻便灵活，是理想的中型土石工程作业机械。

（7）推煤机：SD22C推煤机（如图4-25所示）是在其原型机SD22推土机上改进而来，具有山推履带式推土机技术性能先进、可靠性高、油耗低、维护方便的特点，配备大容量推煤铲刀，加装发动机进气预滤装置，适应煤矿、火电煤场的转场、摊铺、堆放等作业。

图4-24　SD32标准型推土机

图4-25　SD22C推煤机

任务4.7　认识中国制造厦工品牌与文化

1. 企业简介

厦门厦工机械股份有限公司（简称厦工）创建于1951年，是专业制造工程机械产品的大型企业。截至2008年末，厦工拥有总资产49.4亿元、净资产约18亿元，在职职工5000多人，专业技术人员400多人，并拥有国家认定的企业技术中心和博士后工作站。

1993年，厦工改制为股份公司；1994年，厦工在上海证交所挂牌上市（股票代码600815）；厦工机械已通过ISO9001和GJB9001A质量管理标准认证，具有60多年专业的装载机制造经验，拥有一支经验丰富的产品工人队伍。厦工系中国第一台轮式装载机、轮式推土机的设计生产企业，拥有国家级技术中心和博士后流动工作站。厦工机械为中国驰名商标，厦工装载机为中国名牌产品，是国家南极考察办唯一指定品牌，也是赴柬埔寨维和部队、驻中部队的重要装备和唯一的装载机品牌；厦工叉车被中国南极考察队指定为唯一工作用车，成为第一台登上南极的中国叉车；厦工压路机产品名列三甲。厦工集团总资产400亿元，净资产110亿元，具有商用运输设备制造、供应链运营、金融和地产4个业务板块，拥有控参股企业20多家。

2. 获得荣誉

（1）2007年9月获中国名牌产品奖牌；

（2）2007年获中国名牌产品证书；

（3）2007年获得中国工商行政管理总局商标局颁发的"厦工"中国驰名商标；

（4）2008年9月获评亚洲品牌500强；

（5）2008年10月获评中国500最具价值品牌；

（6）2013年8月获得中国人民解放军颁发的"装备承制单位"称号；

（7）2014年12月获得产品质量调查连续十次评价"全国用户满意单位"；

（8）2015年获"中国企业五星品牌"称号；

（9）2016年1月在贯彻国家标准商业企业品牌评价与企业文化建设指南系列活动中获得"全国企业文化优秀单位"称号；

（10）2016年3月获全国产品和服务质量"诚信示范企业"称号。

3. 厦工logo

厦工的logo由代表"厦工"二字首字母的"X"和"G"组成，因总部所在地而得名；XGMA则是厦工机械股份有限公司的缩写，公司产品的颜色也以黄色为主。

4. 企业文化

企业的愿景：打造中国领先、国际著名的工程机械品牌。

企业的使命：致力于工程机械制造与服务，实现客户、员工、股东共同发展，创造人类美好家园。

企业的愿景：国际领先的工程机械系统解决方案提供商。

企业定位：在工程机械领域为客户提供系统解决方案的中国领跑者。

企业的核心价值观：创见、敢为、协动、超越。

创见——创新思维，敏锐洞察，拓宽视野，重在实践。

敢为——激流勇进，敢为人先，勇于担当，敢于突破。

协动——坦诚沟通，团队协作，默契配合，分享合作。

超越——胸怀梦想，珍惜机遇，拼搏进取，超越巅峰。

人才理念：以人为本，人才第一；德才兼备，以德为先；人尽其才，才尽其用。

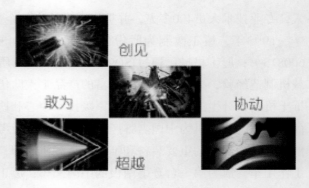

5. 发展理念

厦工是中国工程机械领军企业之一，已有60多年的历史，具备雄厚的技术积淀和强大的创新能力，秉持敢于开创、勇于担当的经营风格和精神，致力于以节能高效的产品和专业快捷的服务，在工程机械领域，大力开发高科技、高附加值产品，为客户提供系统解决方案，谋划和实施国际化战略，以实现跨越式发展！

6. 主要产品介绍

（1）装载机（以轮式装载机XG958II为例，如图4-26）。

图4-26　轮式装载机XG958 II

优越的性能：

①满足Tier3排放的原装进口康明斯发动机，电控油门；

②全新的内观造型，宽敞的操作空间，优良的视野和操作舒适性，驾驶室满足防翻防落物（ROPS/FOPS）要求，格拉默高档座椅；

③单摇臂Z型连杆工作装置，坚固结实的铲斗，挖掘有力；

④全液压湿式制动配合ZF双变和ZF桥，制动可靠；

⑤派克/丹尼逊的双叶片泵合分流、转向优先，高效节能，动力性更佳；

⑥德国力士乐的工作阀和单手柄先导操纵系统；

⑦德国贝克自动集中布置的黄油注点，方便维护与保养；

⑧箱型结构车架，整机稳定性好，结构强度高，优越的整机性能，具有非凡的作业效率；

⑨派克/丹尼逊独立散热系统，保证整机热平衡，同时降低燃油消耗；

⑩内循环的新风、制冷、除霜和取暖系统。

（2）挖掘机（以履带式挖掘机XG825LC为例，如图4-27）。

图4-27　XG825LC履带式挖掘机

优越的性能：

①先进的ESS电子控制系统，满足各种工况要求；

②高效可靠的负流量液压系统，人机合一的操作感觉；

③强劲的动力系统，缩短用户施工工期；

④舒适的操作环境，提高驾驶员工作效率；

⑤采用名牌四轮一带，确保行走装置寿命；

⑥轻便的操作、保养及维护，降低用户使用成本；

⑦强化构件强度，保证经久耐用。

（3）挖掘装载机（以挖掘装载机XG765为例，如图4-28）。

优越的性能：

①发动机功率高，扭矩储备大，可同时满足液压、传动和空调系统的需要。

②专为挖掘装载机设计制造的4挡同步电液换挡变速箱，可根据路面条件快速换挡。

③液压多片湿式制动器，安全可靠，使用寿命长。

图4-28　XG765挖掘装载机

④转弯半径小，转向灵活，反应速度快。

⑤装载单手柄，操作方便，操纵力轻。

⑥高压液压系统可提供强大动力和快速准确的反应，工作装置具有强劲的提升力、回转力和铲斗挖掘力。

⑦挖掘动臂锁定机构和挖掘装置过中点的特殊设计，使设备运输更安全，行驶更平稳。

⑧超大面积的有色玻璃、较低的空内噪声、独立的暖风和空调系统以及宽敞的室内空间，给驾驶员带来了极大的舒适性。

任务4.8　认识中国制造山河智能品牌与文化

1. 企业简介

湖南山河智能机械股份有限公司（简称：山河智能，股票代码：002097），创立于1999年8月，以中南大学为技术合作单位，是一家产学研相结合的现代化工程机械制造企业。公司总部山河智能产业园位于湖南省长沙市国家级经济技术开发区。

公司注册资本为2.7亿元，总资产超过23亿元。员工3000余人。公司股票于2006年12月在深圳成功上市，现已发展为以上市公司山河智能装备股份有限公司（证券代码：002097）为核心，以工程装备为主业，在国内具有一定影响力的国际化企业集团，跻身于全球工程机械企业50强、世界挖掘机企业20强！

公司已在大型桩工机械、小型工程机械、中大型挖掘机械、现代凿岩设备、现代物流设备等门类装备中成功开发出上百种规格的具有自主知识产权的高性能、高品质工程机械产品，差异化明显的特征保证了这些产品均居国内一线品牌位置。公司建立起由原始创新、集成创新、开放创新、持续创新组成的极具特色、卓有成效的自主创新体系，取得的百余项国家专利使公司产品特色突出，性能提升。产品畅销全国各地，同时批量出口到欧洲、大洋洲、北美洲、东南亚等全球50多个国家和地区。公司已通过ISO9001质量认证、ISO14001环境保证体系、OHSAS18001职业健康安全保证体系和产品CE的认证。2017年山河智能营业收入为39.67亿元，同比增长达99%，利润同比增长超150%！

2. 获得荣誉

（1）2007年获得中国工商行政管理总局商标局颁发的"山河智能"中国驰名商标；

（2）2007年喜入《福布斯》最具创新潜力100榜；

（3）2009年获"湖南省出口名牌证书"；

（4）2009年11月获"国家工程机械动员中心"称号；

（5）2011年跻身于全球工程机械企业50强；

（6）2015年获评为工信部"工业企业知识产权运用标杆企业"；

（7）2016年山河智能节能专利技术喜获第十八届中国专利优秀奖；

（8）2017年获评"2017年国家级示范院士专家工作站"。

3. 山河智能logo

山河智能装备集团创始于1999年，标志以公司名称第一个拼音字母S、H变形而来，整个标志呈45度角向前飞奔，暗喻公司蓬勃发展；标志分国际市场环境和国内市场环境下主推图形标，国际市场环境下主推英文标。蓝色象征冷静、深远、崇高、科技，能感受企业的行业特征和属性。

4. 企业文化

企业口号：强差异、增效益、增体量、实现企业腾飞；

文化特质：和谐、务实、进取；

价值理念：修身、治业、怀天下；

企业精神：理想成就未来；

行为准则：客户至上、敏捷有效、笃实图新、合作共赢；

产品理念：精准设计、精益制造；

服务理念：为客户创造价值才能为自身创造价值；

研发理念：创新蕴于市场、劳心尚需劳力、兴趣乐成成就、精品源自执着；

管理理念：人本为先、系统思维、立足专业、关注细节；

人力资源理念：重事业驱动、重团队精神、重实际能力、重开拓进取、重工作绩效；

职业作风：公正、廉洁、勤奋、激情、大度。

5. 发展理念

山河智能围绕"一点三线"的发展战略，立足于装备制造领域，工程装备、特种装备、航空装备三线发展，以"强差异、增效益、增体量、实现企业腾飞"为主题，聚焦地下工程装备和挖掘机械等核心产品，做装备制造领域世界价值的创造者，向世界级知名制造企业快步迈进！2017年山河智能全球市场份额实现翻倍增长。

6. 主要产品介绍

公司已在大型桩工机械、小型工程机械、中大型挖掘机械、现代凿岩设备等门类装备中成功开发出几十个规格的具有自主产权的高性能、高品质工程机械产品，差异化明显的特征保证了这些产品均居国内一线品牌位置。公司建立起由原始创新、集成创新、开放创新、持续创新组成的技术创新体系，取得的数十项国家专利使公司产品特色突出、性能提升。

（1）液压静力压桩机（以LZYJ320E型号为例，如图4-29）。

主要特点：专门为高速公路拓宽工程基础施工设计的液压静力压桩机，针对施工工地狭长、存在大量边桩、不存在角桩、一排桩之间桩距较近的特点，将机身长方向与机器纵移方向垂直布置，满足狭长地形内边桩施工；且布置主、副两个压桩位，两压桩位间相距仅2000 mm，无须移机就可实现近距离两个桩位的压桩，施工更灵活。

（2）潜孔钻机（以SWDE120型号例，如图4-30）。

图4-29 LZYJ320E液压静力压桩机

图4-30 SWDE120潜孔钻机

主要特点：

①钻机、柴油风冷空压机、柴油机—液压泵组三位一体。做到机动性好，节能高效。

②钻机所有的操纵、姿态调整、钻孔位置选定都由先导操纵手柄集中控制，带冷暖空调自动增压的人机工程设计司机室，大大改善了劳动条件，所有的指示灯、报警灯都安装于同一面板，司机对作业情况一目了然。

③采用高可靠性履带行走机构，钻具回转采用液压马达，滑架起落采用液压缸支撑，最大限度地提高了工作效率及钻机的工作面适应能力。

④设冲击器、钻杆自动拆装机构，设两对夹持牢固的液压缸，确保了开孔和钻进过程中钻杆的有效导向与保证了自动可靠的拆装，减轻工人的劳动强度，提高了工作效率。

⑤钻具回转机构装设液压加弹簧减震机构，延长回转机构的使用寿命。自动防卡杆机构，在发生意外时自动提升保护设备。

⑥灵活可靠的滑架补偿机构，对钻架与工作面的接触进行可靠调整。

⑦设置机身回转机构，可回转直接钻孔定位，便于操作，节省辅助时间，提高了工作效率。

（3）滑移装载机（以SWTL4518型号为例，如图4-31）。

图4-31　SWTL4518滑移装载机

主要特点：

①创新的整体结构。液压油箱与燃油箱和底盘融为一体，节省空间，机器更为强健。

②强劲的动力系统。采用国际著名的康明斯发动机，确保机器能胜任各种工作。

③更大的举升高度。优化的六杆结构设计，工作装置垂直举升，机器具有更高的举升高度和更远的卸载距离。

④自动调平系统。动臂上升时，铲斗能保持平举状态。

⑤简便的操作方式。比例控制的先导手柄容易操作，省力，使得操作者能够很快地熟练操作机器，不易疲劳。

⑥双重油门控制。发动机的油门有手动控制与脚踏控制两种形式，极大地方便了操作。

⑦采用高低挡双速行走，更好地满足不同工况的需求，提高工作效率。

任务4.9　认识中国制造福田雷沃重工品牌与文化

1. 企业简介

福田雷沃重工股份有限公司（简称雷沃重工）位于山东省潍坊市，是一家以工程机械、农业装备、车辆为主体业务的大型产业装备制造集团。公司成立17年来，累计产销各类机械600余万台，稳居国内农业装备行业第一位。2017年雷沃重工品牌价值达到506.68亿元。

雷沃重工主导产品雷沃旋挖钻机、雷沃履带起重机、雷沃装载机、雷沃挖掘机等新业务市场影响力强劲提升，后来居上。公司是"国家重点高新技术企业"，公司工程技术研究院被认定为"国家级技术中心"，主导产品先后被认定为"中国名牌""中国驰名商标""最具市场竞争力品牌"。在取得国内市场领先的基础上，雷沃重工全面实施全球化战略，海内业务迅猛发展，已出口全球112个国家和地区。雷沃重工提升自主创新能力，已跻身于全球工程机械企业50强，成为世界知名、中国著名的工程机械企业品牌。

2. 获得荣誉

（1）2006年荣获"中国名牌"称号；

（2）2007年荣获国家重点高新技术企业称号；

（3）2007年获评中国驰名商标，2007年3月公司研制的EPC全电子控制摊铺机获中国机械工业科学技术三等奖；

（4）2008年8月获评中国最具市场竞争力品牌；

（5）2009年10月，被认定为"国家高新技术企业"；

（6）2011年7月，行业唯一获得"农业部现代农业装备重点实验室"称号的企业；

（7）2013年3月，公司获"中国工业先锋示范单位"荣誉称号；

2014年，在机电商报社主办的"2014中国装备制造业企业社会责任峰会暨责任典范颁奖盛典"中获得"2014中国装备制造业企业社会责任履行者典范"荣誉称号；

（8）2014年第四届中国公益节中获得"2014年度最佳责任品牌奖"；

（9）2015年6月，公司获评"2014年度中国机械工业百强"；

（10）2015年12月，公司获得"2015中国品牌年度大奖"；

（11）2016年1月，第五届中国公益节中获得"2015中国公益奖集体奖"。

3. 雷沃logo　**LOVOL** 福田雷沃重工

"雷沃"品牌释义："雷声轰鸣雨滋润、改天换地丰沃美"的天体自然和谐之道。

"LOVOL"英文品牌释义：LOVOL源自"Let's Open the Vision for Our Life"（开启生活的美景），引申为"通过科技获得沃土"，寓意企业将科技作为发展的动力，以技术进步改变世界。

"LOVOL"英文商标意为"丰盛的爱"，吻合"雷沃"中文内涵。LOVOL以宽广博大的胸怀奉献无私的爱，为人类创造更加美好的生活，让世界充满活力，让大地成为人们享受生活的沃土。

4. 企业文化

雷沃重工文化理念体系：

使命/愿景：致力科技创新，成就美好生活。

核心价值观：热情创新永不止步；团队第一，个人第二。

战略思想：高质量、低成本、全球化。

指导方针：持续改善，追求卓越。

经营策略：技术创造价值质量、赢得市场。

经营准则：诚信，业绩，创新。

雷沃重工理念：把做对的事情坚持下去就一定能成功；信息+好的管理＝成功；态度决定一切，认真是做事的第一态度；没有完美的个人，只有完美的团队；过去不等于未来。

新文化建设"六个培养"：培养开放式思维、培养积极心态、培养竞争观念、培养协作精神、培养务实作风、培养危机意识。

5. 发展理念

调整业务结构，为全球化做准备、打基础。未来，雷沃重工将以高质量、低成本、全球化为战略目标，以高标准、精细化、零缺陷为作业路线，实施内涵式增长战略，通过整合全球资源，提升自主创新能力，将雷沃重工打造成世界知名、中国著名的品牌。

6. 主要产品介绍

福田雷沃重工自2004年下半年进入工程机械领域以来，依靠自主创新形成了以装载机、起重机、挖掘机、旋挖钻机四大系列为主的产品资源。同时，公司2006年装载机产销突破5000台，一举进入中国行业前十位。2007年，实现雷沃装载机业务进入行业第二梯队，旋挖钻机业务与履带起重机业务实现国内市场突破。至2010年，雷沃工程机械品牌的目标是成为国内领先、国际知名的品牌。

（1）雷沃装载机（以FL966F为例，如图4-32）。

图4-32　FL966F装载机

　　雷沃装载机型号种类齐全，满足各种施工条件。无论在煤炭矿石、市政工程、建筑工地还是道路修建及车站码头等领域进行装卸作业，均应对有余，表现超凡。雷沃装载机采用欧洲设计技术和精细匹配设计理念，是福田雷沃重工精心打造的拥有国家9项专利保护、性能先进、质量可靠的大型装载机械。主要优势体现为装卸强悍，超卓不凡！

　　具体技术特点：

　　①发动机配置欧美技术动力，性能好，油耗低，扭矩储备系数大，可靠耐用；

　　②欧洲精细匹配设计，使各个装置达到科学完美的匹配，作业效率非凡；

　　③主要结构件由机器人焊接，确保了结构件的质量可靠；

　　④转向系统优化设计，转弯操纵轻松、灵活，提高作业效率并增强安全性；

　　⑤制动系统采用高科技专用摩擦材料，制动系统发热少，制动距离短，安全可靠；

　　⑥驾驶室人性化设计，布局合理，视野开阔，超高安全性。

　　（2）雷沃液压挖掘机（以FR75-7为例，如图4-33）。

　　雷沃液压挖掘机型号种类齐全，满足各种施工条件，在全球城市道路建设、市政管网施工、农村水利建设、大型工程收尾平整及各种园林绿化建设中，以优异表现赢得了用户的信赖与喜爱。雷沃液压挖掘机采用欧洲标准与欧洲技术，其关键部件全球采购，性能卓越，质量可靠。主要优势体现为移山倒海，表现优异！

　　具体技术特点：

　　①高端产品配置：主要液压元件全球采购，保证了机器工作的性能和稳定性；

　　②最新挖斗斗型设计，显著降低挖掘阻力，提高作业效率，降低燃油消耗；

图4-33　FR75-7雷沃液压挖掘机

③动臂、斗杆采用进口高级优质钢材；

④6吨级机型中独特设计的前机罩，主阀空间开放，抽屉式电器开关设计；

⑤精心设计的舒适驾驶环境。

（3）雷沃旋挖钻机（以FR622C为例，如图4-34）。

雷沃旋挖钻机集欧洲科技之大成，是福田雷沃重工继装载机、挖掘机后成功开发的大型灌注桩成孔设备。在高层建筑、大型桥梁工程、水利建设等桩基础工程中以稳定优异的表现备受世人赞誉。其关键部件全球采购，性能卓越，质量可靠。主要优势体现为破地入水，智慧大成！

具体技术特点：

①国际领先水平发动机，自动感应负载变化并及时调整功率；大功率、低油耗，稳定可靠；

②先进的可伸缩式履带底盘结构，合理的整机配置，具有稳定可靠的工作平台；

图4-34　FR622C旋挖钻机

③全自动、智能化电控系统，功能强大，操作简易；

④全封闭驾驶室，人性化的空间设计及附属装置；

⑤钻具与钻杆多样组合，适用于各种工况下作业；

⑥可折叠的箱形结构桅杆，保证性能，便于运输。

（4）雷沃履带起重机（以FQUY200为例，如图4-35）。

雷沃全液压履带起重机集欧洲标准与技术于一身，是福田雷沃重工为满足市场需求与国际竞争而研发的大型起重机械。其综合吸收国内外先进技术，装配国际著名厂家动力元件、传动元件和液压元件，以力拔千钧之势带来前所未有的强劲力量，堪称起重安装作业的理想机械。主要优势体现为力拔千钧，大有作为！

具体技术特点：

①具有接地比压小、转弯半径小、吊重作业不需打支腿、吊臂长、作业半径大、起重性能好等优点；

②可360°全方位作业，适应恶劣地面，具有其他起重设备无法替代的地位；

③采用电液比例操作、泵控变量系统，微动性好，控制精度高；

④还具有一定的自拆装功能，运输单件重量小，转场方便；

⑤具有多种吊臂类型配置，可满足用户的不同要求，特别是塔式副臂的配置，可使起重机作业时更加接近建筑物施工。

图4-35　FQUY200履带起重机

任务4.10　认识中国制造国机重工品牌与文化

1. 企业简介

中国国机重工集团有限公司（国机重工）成立于2011年1月，总部设在北京，现有员工超过10000人，是国机集团旗下工程机械业务资源重组整合改制而成立的大型装备制造企业集团。

国机重工现有28家控股和参股企业，其中1家上市公司、4家海外公司，拥有天津、常州、洛阳、泸州四大产业基地，与世界知名企业韩国现代、日本小松等组建合资企业，合作机构遍布全球100多个国家和地区。

国机重工业务领域涉及工程机械及相关领域的研发制造、服务、工程承包和贸易。在工程机械研发与制造领域，国机重工拥有实力雄厚的科技研发能力和生产制造能力，拥有两个国家级企业技术中心、两个"企业博士后科研工作站"、一个机械工业质量监督检测中心。产品主要覆盖铲土运输机械、压实机械、路面机械、挖掘机械、桩工机械、起重机械、混凝土机械、市政环卫机械及零部件等种类数十个系列上百个品种。

2. 获得荣誉

（1）由天津工程机械研究院作为第一完成单位完成的《土方机械安全标准研究》（GB 25684—2010）获2014年度中国机械工业科学技术奖二等奖，该项目完成了13项强制性国家标准，初步形成土方机械国家标准安全技术体系。项目的完成有效保证了土方机械产业安全和使用者安全，引导了土方机械产业的技术进步，对中国工程机械行业的健康发展具有积极的促进作用。

（2）2017年由中国质量协会用户委员会及全国建设机械委员会共同举办的全国范围内工程机械产品质量及服务质量用户满意评价调查中，国机重工（洛阳）建筑机械有限公司连续六次荣获"全国用户满意单位"称号，由其生产的"SINOMACH"牌压路机也荣获"全国用户满意产品"称号。

（3）在2018年举行的中国机械工业集团有限公司工作会上，国机重工获"两金清理突出贡献奖"。

3. 国机重工logo

Logo解读：M造型象征展开双翅的雄鹰腾飞于巅峰，寓意国机重工在国机集团支持下，勇攀高峰，腾飞发展；三角造型象征着雄伟的山峰。图形凹凸有致、颜色匀称、讲究对称，展现了特有的和谐美和匀称美，体现了"和谐国机"的理念。标志整体似长城造

型的演绎，体现了民族特色，梯形造型展现了集团的踏实稳健、诚信可靠。图形中内含
"人"的造型，突出国机集团"以人为本"的企业理念，以人的汇聚共创机械工业发展的
未来。

4. 企业文化

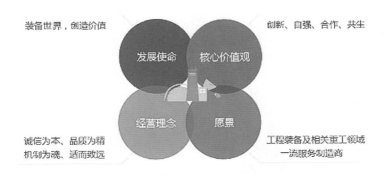

5. 发展理念

牢记"装备世界，创造价值"的发展使命，制定了《国机集团品牌战略规划
（2018～2020）》，站在全局和战略的高度做好品牌建设和国内市场推广工作，为更好地
打造工程机械及相关重工领域世界一流服务制造商而阔步前进。

6. 主要产品介绍

（1）电动挖掘机（如图4-36）。

图4-36　电动挖掘机

国机重工再制造公司日前顺利完成首台电动挖掘机（20 t 级）试制任务并形成销售，
为公司形成新的业务增长点打下了坚实的基础。该台电动挖掘机产品由再制造公司在国机
重工现有成熟挖掘机产品的基础上，经过不断创新研发、升级改造而成，主要特点：

①配有专用移动式供电站，具有使用成本低、零排放、低噪声等优点；

②运用了"机不动电动"的设计理念；

③实现了由数台供电车轮流为一台或数台挖掘机供电的便捷供电模式。

（2）旋挖钻机（如图4-37）。

图4-37　旋挖钻机

主要产品DT218旋挖钻机，用于工民建施工，铁路、桥梁的基础施工。

主要特点：

①选用康明斯发动机，动力性能优异稳定，有足够的功率储备。最大成孔直径1500 mm，最大成孔深度54 m，主要用于工民建施工。

②液压系统采用负载敏感系统、先导控制回路，实现各工况负荷下的最佳匹配；

③液压泵、液压马达、减速机、各种液压阀均采用国际品牌产品，保证了系统的高可靠性；

④平行四边形变幅机构确保钻具准确定位；

⑤成熟的电控系统，能够实现自动调垂和孔深监测，实现对整机的实时监控；

⑥履带伸缩式专用底盘功率大、重心低、钻机稳定性好。

（3）平地机（如图4-38）。

平地机是一种多功能、高作业效率的工程机械，广泛应用于道路、农林、市政、机场的修建、水利及矿山建设等方面。有世界上最大的全轮驱动平地机DT660和国内唯一一部队列装平地机PY180。

主要特点：

①匹配合理，按照德国技术标准生产；

②涵盖液力传动、静液压传动、全轮驱动；

③静液压平地机，节能、环保；

④有滚盘回转装置、工作装置保护等多项国家专利。

图4-38 平地机

（4）压路机（如图4-39）。

图4-39 压路机

洛建代表压实机械制造业的先进水平。2000年以来，公司对压路机产品进行更新换代，推出了LSD系列全液压单钢轮振动压路机、LSS系列单钢轮振动压路机、LDD系列全液压双钢轮振动压路机、LGU系列三轮静碾压路机、LRS系列轮胎压路机。

主要特点：

从德国宝马格公司引进压路机新技术、新工艺。

结合了中国实情，逐步实现了产品的系列化、规模化、多元化。

在压实机械技术领域始终走在全国同行业的前列。

作为我国第一台压路机的诞生地，国机重工的压路机产品始终以深厚的技术底蕴和卓越的性能品质深受客户认可。日前，四款国机重工的压实机械产品顺利入选2018年第一批河南省首台（套）重大技术装备。经评审组专家综合评议，下列4款产品，技术含量高，性能优良，符合国家环保政策，智能化控制技术居于国内同类机型的领先水平，填补了国内压实机械领域的多项空白，并得到了市场验证，反馈良好。

①LDD316H（如图4-40）为国内目前最大的全液压双钢轮振动压路机，该机型采用国际领先技术，功率强大、安全可靠、造型美观，采用人机工程学设计原理，人性化设置，操纵轻松方便。

图4-40　LDD316H全液压双钢轮振动压路机

②LSS327单钢轮重型振动压路机（如图4-41），配备有三阶段电控发动机，节能环保、动力强劲，同时具有良好的防尘、散热、冷起动功能，可以充分满足在高原、沙漠等特殊环境的施工要求，被国内外高等级公路、铁路、港口、堤坝等大型施工项目所广泛采用。

图4-41　LSS327单钢轮重型振动压路机

③LLC230H全液压垃圾压实机（如图4-42），采用四轮独立静液压驱动行走系统，配备红外线夜视功能和车载影音倒车监视系统，独特排列的长寿命耐磨齿，可进行充分挤碎、压实的作业，有效提高土地利用率，延长填埋场使用寿命，是垃圾填埋场必备设备。

图4-42　LLC230H全液压垃圾压实机

④LRS230H全液压轮胎压路机（如图4-43），采用液压行走传动，两挡无级变速，可有效减少对路面震动的冲击，尤其适用于高等级公路的沥青面层最终处理，是建设高等级公路、机场、市政工程及工业场地的高性能压实设备。

图4-43　LRS230H全液压轮胎压路机

思考题

1.通过了解国内各名牌工程机械企业的概况，您认为企业的发展与什么有关？

2.企业文化对一个企业来说，您认为有什么意义？

3.学习完本项目的知识后，您认为国内工程机械企业主要偏爱哪些机种？

4.学习完本项目的知识后，您认为国内企业最注重工程机械产品的哪些方面性能？

项目5　翘望工程机械世界著名品牌与文化

☞知识目标

1. 认识国外著名品牌工程机械企业及其logo；
2. 了解国外著名品牌工程机械企业发展历程；
3. 了解国外著名品牌工程机械企业的文化。

☞能力目标

1. 能够简单描述国外著名品牌工程机械企业的主要产品及优势、特点；
2. 能够通过网络查询并了解国外工程机械企业的最新动态。

在最新一期的2018全球工程机械50强排行榜上，从入选数量看，日本、美国、中国三国分别为11、10和9家。从市场份额看，美国占据了主导地位，占47.8%。其次是日本，为19.5%。其余依次为瑞典9.9%、德国6.5%、芬兰3.2%、韩国2.7%、中国2.6%、法国2.4%、英国2.3%、奥地利0.9%、瑞士0.7%、南非0.5%、印度0.4%、意大利0.3%。分地区看，北美占47.8%，欧洲占26.4%，亚洲占25.3%，其他地区为0.5%。排名在前几位的公司依次为卡特彼勒、小松、日立建机、沃尔沃建机、斗山、利勃海尔、约翰迪尔、杰西博、特雷克斯、山特维克等。

企业文化在企业发展中起了巨大的作用，是企业的灵魂；企业文化内涵丰富，涉及面广，具体表现在：

（1）企业标志。如商标品牌、标识logo等，都是体现企业文化的载体。品牌是企业的标志，也是企业产品的标志，人们通过品牌认识和了解企业产品，同时也就认识和了解了企业，人们通过品牌认识到不同的产品和服务，品牌是企业及其产品内在品质的外部形象凝聚。Logo的作用，一是特异性。企业的独特之处，只有针对特定客户群体的特定需求，提供他人不能满足的产品或服务，才能拥有自身的独特性。二是一致性。每一件产品、每一项服务不因时间、地点、人员的改变，都能达到同样的标准。三是整体性。品牌是整个企业的品牌，是企业全部产品的品牌。

（2）企业环境。如内部环境和外部环境、宏观环境和微观环境等，还有企业所有制、行业经营方向、集权与分权程度、内部文化设施，不同的文化环境其特点也是不一样的。

（3）企业制度：保证企业目标实现的有力措施和手段，同时又能凝聚和激发职工积极性和自觉性的行为规范。如2016年卡特彼勒的三项可持续性举措入选联合国可持续发展目标行业矩阵（SDG Industry Matrix）。

（4）价值观：是企业文化的核心，它决定企业坚持什么样的原则，是企业经营活动和企业员工行为的价值准则。比如：作为世界工程机械行业领袖的卡特彼勒公司的价值观是"诚信、卓越、团队、承诺"。

（5）企业精神：是在价值观的基础上，反映企业目标和蓝图，具有凝心聚力的作用。比如：作为世界工程机械行业领头人的小松公司的经营理念是"品质与信赖"，这也是企业每一位员工日常工作中的行动指南。

下面根据最新资料以及企业的规模和各个国家的分布等情况，列出了十个国外著名工程机械品牌。主要介绍企业的概况、企业的文化和优势工程机械产品等几个方面。

任务5.1 认识美国卡特彼勒品牌与文化

CATERPILLAR®

1. 企业简介

卡特彼勒公司是工程机械行业领袖。

80多年来，卡特彼勒公司始终致力于全球的基础设施建设，并与其代理商携手并进，在各大洲推进积极、持久的改革。

（1）卡特彼勒公司的发展历程。

大约1890年，Benjamin Holt和Daniel Best尝试使用各种形式的蒸汽推土机进行农耕。他们在各自的公司单独进行试验。

1904年，Holt研制成功第一台蒸汽履带式推土机。

1906年，Holt研制成功第一台天然气履带式推土机。

1925年，Holt制造公司和C. L. Best推土机公司合并，组成卡特彼勒推土机公司。

1931年，第一台DieselSixty推土机从伊利诺依州东皮奥利亚的装配线下线，它是采用新型高效动力源的履带式推土机。

1940年，卡特彼勒产品系列包括机动平地机、铲式平地机、升降式平地机、筑梯田机和发电机组。

1986年，卡特彼勒推土机公司更名为卡特彼勒公司，更准确地反映了公司不断发展的多样性。

1997年，公司继续扩张，收购了英国的Perkins发动机公司以及德国的MaKMotoren公司，卡特彼勒已成为世界领先的柴油发动机制造商。

2003年，卡特彼勒成为第一家整个2004型系列清洁柴油发动机完全符合美国环保署（EPA）要求并得到其认证的发动机生产厂商。卡特彼勒突破性的排放控制技术，即

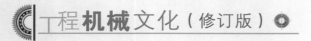

ACERT®，完全符合环保署的标准，而且无须牺牲性能、可靠性或燃烧效率。

2012年，美国卡特彼勒公司推出了新型CatCT15发动机，该发动机可提升CT660型专业卡车的功率。

（2）卡特彼勒在中国。

卡特彼勒是世界上最大的土方工程机械和建筑机械的生产商，也是全世界柴油机、天然气发动机和工业用燃气涡轮机的主要供应商。为了加大投资力度和发展业务，卡特彼勒（中国）投资有限公司于1996年在北京成立。今天，卡特彼勒在中国投资建立了11家生产企业，制造液压挖掘机、压路机、柴油发动机、履带行走装置、平地机、履带式推土机、轮式装载机、工程机械零部件以及电力发电机组。

卡特彼勒在中国的发展经历了四个阶段。70年代中期，卡特彼勒首次完成向中国市场提供38台铺管机的销售并在北京成立了销售办公室。80年代，在发展的第二阶段，向中国国有企业进行了技术转让；对卡特彼勒和中国工程机械行业两者的长远发展来说，这是具有关键意义的一步。90年代进入第三阶段后，开始在中国建立工厂，制造产品并发展独立的代理商。现在，正处于第四阶段，专注于系统地部署完整的业务模式，从强大的供应商，到零部件、制造、为本地市场开发产品、加强代理商，以及提供包括卡特金融和卡特再制造的服务体系。

2. 获得荣誉

（1）2015年Cat®（卡特）336D2液压挖掘机和CatM317D2轮式挖掘机分别在"CMIIC2014中国工程机械行业互联网大会暨品牌盛会"上被授予"液压挖掘机明星产品奖"和"轮式中型挖掘机明星产品奖"；

（2）2015年Cat950GC轮式装载机则凭借低油耗、运营成本低和性能出众等特点在"CMIIC2014中国工程机械行业互联网大会暨品牌盛会"上荣获"装载机明星产品奖"；

（3）中国企业社会责任研究中心发布的"2015年世界500强企业在华贡献排行榜"中，卡特彼勒位列第十；

（4）2016年在瑞士达沃斯召开的世界经济论坛上获得"跨国企业循环经济奖"第二名；

（5）2016年卡特彼勒的三项可持续性举措入选联合国可持续发展目标行业矩阵（SDG Industry Matrix）；

（6）英国KHL集团推出的2018年全球工程机械制造商50强排行榜（Table 2018），卡特彼勒以266.37亿美元的销售额居第1位。

3. 卡特彼勒公司logo CATERPILLAR®

卡特彼勒的创始人皮特·霍尔特在进行一次产品测试时，邀请一名摄影师为机器拍照，这位第一次见到这种奇特装置的摄影师感叹说，它看上去就像一条毛毛虫（Caterpillar）。霍尔特立刻被这一名字吸引住了，他决定用它来命名自己的产品，于是在1910年，他去政府部门注册了"Caterpillar"商标，卡特彼勒开始出现在霍尔特公司的产品上，后来公司逐渐发展壮大，便用最广为人知的产品名称"卡特彼勒"作为公司的名字。1967年卡特彼勒公司特定打造了企业标志，用于提高对Cat®（卡特）产品的精度、质量和认可，黄三角一眼就让人明白那意味着高驱动推土机。

4. 企业文化（卡特彼勒全球行为准则）

1974年首次发布的全球行为准则定义了公司的立场和信条，记录了卡特彼勒自1925年成立之初制定的道德高标准和行动价值，必须坚定不移地执行。

（1）诚信：诚实的力量。

诚信是我们一切行动的基础。这是永恒不变的真理。正因为如此，与我们一起工作、生活和服务的人才会信赖我们。我们言必信，行必果。我们通过信任来建立和提高我们的声誉。我们不会对他人施以不当影响，也不许他人如此对待我们。我们遵循有礼有节和开诚布公的行事原则。总之，企业的声誉反映了其员工的道德水准。

（2）卓越：品质的力量。

我们制定和实现宏伟目标。我们的产品和服务质量反映了卡特彼勒的实力和传统——对我们所做的一切和已经实现的目标，我们引以为荣。我们重视卓越的人才、流程、产品和服务。我们决心通过创新、不断完善、重视客户需求和专注的态度来对待客户，从而满足客户的迫切需求。对我们而言，卓越不仅仅是价值，它也是让世界更加美好的规律和方式。

（3）团队：协作的力量。

我们互相帮助，共同走向成功。我们是一个团队，分享各自专有的才能，以帮助与我们一起工作、生活和服务的人员。团队成员的多元化想法与决策使我们的团队得以增强。我们尊重并珍视拥有不同观点、经验和背景的人。我们尽力了解全局，然后完成自己的工作。我们相信，通过合作所取得的成绩要胜于单打独斗。

（4）承诺：责任的力量。

履行我们的责任。我们做出了一些有意义的承诺，既有个人承诺，也有集体承诺——首先是彼此做出承诺，然后是对与我们一起工作、生活和服务的人做出承诺。我们理解和重视客户的需求。我们是世界公民，也是具有责任感的社会成员，我们注重安全，关注环境，并遵守商业道德。继承卡特彼勒的传统既是我们的责任也是我们的光荣。

5. 发展战略

企业战略专注于提供解决方案，以帮助我们的客户建设更美好的世界，并为股东带来盈利性增长；以价值为基础，运用以信息为导向的方式（运营&实施模式）指导我们的决策过程，并最终实现持续的盈利性增长。我们致力于了解客户需求，并且与我们的合作伙伴通力合作，提供业界领先的产品和服务，并主要集中在三个领域：凭借企业在运营卓越方面的核心竞争力——安全、质量、精益制造以及有竞争力的成本原则，增强优势；扩展我们的解决方案，提供一体化且满足差异化需求的解决方案，助力客户成功；增加我们对于服务的倚重，关注数字化的解决方案和售后市场，以提高客户忠诚度并进一步增强我们与客户的关系。

6. 主要产品介绍

卡特彼勒拥有包括300种以上机器的产品系列（图5-1为主要产品系列），不断刷新行业标准，以用户为核心的宗旨得到进一步深化。公司将全力以赴保持领先地位，不断满足用户的需求。卡特彼勒的后盾是出色的设备、生产资料行业中无与伦比的配送和产品支持系统以及持续不断的产品导入和更新。

非公路卡车	伐木归堆机	伸缩式装卸机	冷铣刨机	压路机	地下采矿	小型履带多地形装载机
履带式推土机	履带式装载机	平地机	挖掘装载机	摊铺设备	木材集运机	林业机械
液压挖掘机	滑移装载机	物料搬运机	路面冷再生机	路面机械产品	轮式推土机	轮式自行式铲运机
轮式装载机	铰接动臂装载机	铰接式卡车	铺管机	集材机		

图5-1　卡特彼勒公司主要产品系列

（1）非公路卡车（以740铰接式卡车为例，如图5-2）。

图5-2　卡特彼勒740铰接式卡车

主要优点：740铰接式卡车的额定有效负载43.5 t，具有久经考验的可靠性和耐用性、高生产率、卓越的操作舒适性及更低的运营成本。宽敞的双人驾驶室，以及非公路原油/氮气前悬挂油缸，让操作员整天都能保持舒适。真正"行驶中"的差速锁操作简单，从而缩短了周期时间并提高了生产率。结实耐用的卡特彼勒ACERT发动机和电子控制的变速箱油耗低，生产率高。

（2）冷铣刨机（以PM201型号为例，如图5-3）。

图5-3　PM201冷铣刨机图

主要优点：新型PM201集高产能、最佳作业性能及简便的维修于一体，即便在恶劣的铣刨工况下，仍然游刃有余。具有ACERT®技术的C18发动机着重于燃烧时间，提高了发动机性能，并降低尾气排放。PM201可选装三种铣刨鼓，因此机器配置能够满足不同应用和生产率的需求。前履带转向、后履带转向、蟹行转向及组合转向，这四种转向模式使驾驶员在狭窄的铣刨应用中也能操作自如。

（3）液压挖掘机（以329D/329DL型号为例，如图5-4）。

图5-4　329D/329DL液压挖掘机

主要优点：卡特彼勒液压挖掘机以回转扭矩、液压动力、可控性、较快的循环时间、可靠性、较低的拥有与运营成本以及最佳生产率（每小时吨数）等特点著称。独特的上机架回转轴承设计可获得更多的表面接触和更长的寿命、提高稳定性以及减少机器的俯仰。在中型液压挖掘机产品领域，卡特彼勒是唯一一家提供紧凑半径、缩小半径以及标准半径的制造商。液压挖掘机装备有Product Link，使用户可以通过跟踪使用时间、位置、安全性以及机器运行状况从远程位置监视机器。

（4）轮式装载机（以988H型号为例，如图5-5）。

图5-5　988H型轮式装载机

主要优点：大型轮式装载机的产品设计确保其能提供良好的安全性、耐用性、可靠性、维修保养方便性，同时最大限度提高工作性能，停机时间减到最小，确保生产更多。专门设计可与多种公路用和非公路用卡车进行输送匹配。继承了传统的强化结构设计，确保良好的可靠性、耐用性、多重建性和零部件的较长使用寿命，采用人机工程设计的驾驶室能使操作更舒适，确保了对卡车车床或车斗良好的视野。突出的安全特点保护了在机器上或周围工作的员工安全。主要的维修保养方便性特点关注每日例行检查的方便性，延长维修保养间隔，降低了运营成本。

（5）轮式铲运机（以657G型号为例，如图5-6）。

图5-6　657G轮式铲运机

主要优点：动力系统——发动机，ACERT®技术采用了作用于燃烧点的多项创新技术，使发动机性能达到最佳，同时遵循非公路机器的排放法规；动力传动系统——变速箱，内置电气装置使机器能够监控整个传动系统，减少部件应力，改善乘坐性能；采用卓越的结构设计和制造，具有良好的性能和可靠性。

任务5.2 认识日本小松品牌与文化

KOMATSU

1. 企业简介

（1）株式会社小松制作所成立于1921年，至今已有90多年的历史。公司主要产品除了始终处于世界领先地位的建筑工程机械、产业机械以外，同时还涉足电子工程、环境保护等高科技领域。面向全球性企业发展的小松，把"质量和信赖性"作为公司重要的理念，以满足全世界用户的需求为宗旨，以提供安全的、有创造性的产品和优质服务为己任。

小松（中国）投资有限公司是株式会社小松制作所在中国的全资海内子公司，成立于2001年2月，公司总部位于上海市。小松（中国）投资有限公司秉承日本总公司面向全球的发展战略思想，把质量和信赖作为公司最重要的经营理念，以满足用户需求为宗旨，以提供优质产品和服务为己任。公司自成立以来，先后在全国范围内设立了7个地区办事处，分别协助遍布各省、市、自治区的小松产品代理商，进行整机销售、服务及零配件供应等相关业务的工作，更好地服务于广大的小松用户。

（2）小松在中国的发展阶段。

第一阶段：1956～1978年，整机出口阶段，向中国提供大量的工程机械，为新中国早期基本建设做贡献；

第二阶段：1979～1994年，技术合作阶段，以技术转让方式，协助中国国有企业开展技术革新及导入全面质量管理（TQC）技法，促进中国工程机械产业机械行业发展；

第三阶段：1995～2000年，投资建厂，开展合资事业，构建生产销售体制，实现中国的经营模式与日本式质量生产管理完美融合；

第四阶段：2001～2011年，建立中国地区总部，扩大产能并实现基于产品价值链的业务多样化；

第五阶段：2012年至今，进入新常态，追求稳健经营，强化企业治理，实行产能合理化，着眼未来发展，锐意创新，续写合作共赢发展新篇章。

2. 获得荣誉

（1）2008年日本最佳企业排名，小松连续两年居首；

（2）2010年小松"高性能等离子切割机TFPL 1082—TwisterBlade"荣膺第40届日本机械工业设计奖；

（3）2012年小松"KOMATSU"商标被国家工商总局认定为"中国驰名商标"；

（4）荣获2012年度"轨道交通行业创新力企业50强"称号；

（5）分别荣获2010年度至2013年度"上海市外商投资双优企业"称号；

（6）2015年小松品牌再次入选"日本全球化品牌TOP30"，位列第12位，其品牌价值为21.62亿美元；

（7）小松智能施工技术获"2015年日经优秀产品服务奖、最优秀奖"；

（8）小松集团再次入选2016和2017年度"道琼斯可持续发展指数"榜单；

（9）荣获"2017年度希望工程贡献奖"，并被授予"最佳合作伙伴"称号；

（10）2018年小松PC460LC-8型履带式挖掘机获"中国工程机械年度产品TOP50（2018）应用贡献金奖"；

（11）英国KHL集团推出的2018年全球工程机械制造商50强排行榜（Table2018），小松制作所以192.44亿美元的销售额居第2位。

3. 小松制作所logo **KOMATSU**

株式会社小松制作所（即小松集团），是全球最大的工程机械及矿山机械制造企业之一。1921年成立于日本小松市，小松市的市树为松树，因此企业命名为小松，迄今已有90多年的历史。其寓意为以可靠的品质、用户满意的产品和服务，稳定地发展以至强大，从而赢得客户的信赖。Komatsu为其公司logo，这是日本人姓，汉字为"小松"。

4. 企业文化

经营理念：品质与信赖。

追求"品质与信赖"，最大限度地提升企业价值是小松经营之本。对于小松而言，"品质与信赖"并不仅仅意味着提供用户满意的产品与服务，这更是一项贯穿于公司所有组织、事业以及整个经营过程中所有行动的根本出发点。为实践这一方针，小松提出了5项原则，这是集团所有企业的经营指针，也是每一位员工日常工作中的行动指南：

始终从用户的角度出发，努力为用户提供环保、安全且富有创造性的产品与服务；

始终不懈地追求技术与经营上的自我革新；

以全球化视角推进集团经营管理；

做优秀的企业公民，为当地社会做出贡献；

为员工提供富有创造性与挑战性的舞台。

5. 发展理念

企业价值最大化，并不仅仅是提升公司股价使公司总市值最大化，也并非一味地追求销售额、追求利润，更为重要的是要最大限度地提高所有利益攸关方特别是公司客户的满意度，构筑可持续、稳定地增加企业价值的体系。企业必须为建立注重"品质与信赖"的经营体制而不断努力，坚持小松特色产品制造体制，提供用户满意的产品与服务，不断开发出更环保、更安全、更具创造性的产品；同时还必须自觉地承担起企业的社会责任，脚踏实地、稳健经营。

6. 主要产品介绍

在全球工程机械行业，小松以产品齐全著称。给不同地区提供最适合的产品，是小松公司的一贯政策。公司的产品有履带式液压挖掘机、轮式挖掘机、轮式装载机、履带式推土机、自卸车、压路机、平地机和盾构机械等。

（1）履带式挖掘机（以PC220-8M0履带式液压挖掘机为例，如图5-7）。

图5-7　PC220-8M0履带式液压挖掘机

精心保护的发动机燃油和进气系统，高耐久性和可靠性保证机器长期稳定施工，长时间操作也不容易疲劳的舒适操作环境，高刚性驾驶室可充分保护驾驶员的安全。

主要优点：

①高生产率与高经济性相结合：高压共轨燃油喷射系统，精确控制燃烧。可根据作业对象选择快速模式P或者经济模式E，最大限度地满足用户对燃油经济性的要求。CLSS液压系统传递效率高，动作快速灵活。

②新型大屏幕液晶彩屏监控器：大型TFT液晶彩色监控器可以保证设备安全、精确和平稳地工作。通过采用在各种角度和光线条件下都可方便阅读的TFT液晶显示，提高了显示屏的可视性。开关简单且容易操作，功能开关便于多功能操作。以12种语言显示数据，方便全球范围内用户的需求。

③安全舒适的操作环境：高刚性驾驶室充分保护驾驶员的安全；悬浮式座椅和带扶手的控制台使驾驶员可以保持舒适的操作姿势；动态噪声降低2 dB，实现了低噪声操作。

④标准配置康查士，随时随地为您反馈机器信息：帮助客户管理车辆的安全，防盗、防破坏；帮助客户进行更优质的维护保养；手机短信功能使查询更便捷；每月递送康查士月报，保证客户在第一时间了解自己的设备。

⑤机器长期稳定施工的保证——高可靠性和高耐久性：先进的发动机技术，实现了燃

油燃烧的精确控制，同时满足EPA和EU三级排放标准；采用强化型动臂和强化型斗杆；针对中国市场的燃油质量，采取了特别措施，让用户放心使用。

（2）轮式装载机（以WA500-3轮式装载机为例，如图5-8）。

图5-8　WA500-3轮式装载机

主要优点：

①大功率：装备具有现代柴油机先进技术的小松发动机，能输出强大扭矩，通过与大容量变矩器的合理搭配，大大降低了损耗，提高了实际输出，实现了与车体的最佳组合，能充分发挥强大的驱动力和挖掘力，提高工作效率。

②作业性能强：具有自动降速功能控制开关，当车辆以2挡前进接近料堆进行铲装作业时，可通过动臂控制杆顶端的降速开关使车辆速度由2挡变为1挡，加大了铲入力。反之，当铲装作业完成时，方向控制杆扳至倒车，则车辆自动由1挡变为2挡。这一升一降，工作效率大大提高。

③制动性能可靠：采用全液压独立系统行车制动器，回路中不使用空气，因此没有水分的结露，也不会由于寒冷而引起刹车效果不良，所以不需对制动系统进行排水作业；采用湿式圆盘停车制动器，由于装在变速箱内部，有效防止尘埃，无须进行维护。如果发动机熄火或制动器内无压力油，停车制动器将自动地起紧急制动作用。紧急停车制动时，制动油压过低时，报警灯会闪亮，并且，停车制动器会作为紧急制动器启动，采用了双重制动系统，保证了安全。

④操纵轻便：左手在进行转向操作的同时只需其中一个手指即可对无触点式电磁变速控制手柄进行操作，这是小松公司独资开发的电磁控制开关，操纵力大大减小，操纵杆也可根据自己的要求对长短进行调节，即使长时间反复操作也不会感到疲劳，且安全。

⑤舒适与安全：与驾驶室采用密封型构造，无尘埃进入。视野广阔，可视面积达47%以上，将安全性与舒适性完美地结合在一起。可根据需要装备能承受巨大负荷的加固防翻滚式天篷，确保操作人员的安全。液压装置、管路及驾驶室与车架连接部采用橡胶减震装置，内部噪声和震动大大降低，实现了安静、震动小的舒适乘坐环境。

（3）履带式推土机（以D85EX-15履带式推土机为例，如图5-9）。

图5-9　D85EX-15履带式推土机

主要优点：

①采用小松SA6D125E-3后冷式涡轮增压发动机，功率为142 kW（190 HP），为机器提供强劲动力。静液压转向系统不论在何种地面行驶，都可以确保平稳、快速的转向。

②液压系统、传动系统、机架以及其他重要元件均为小松自行设计，使机器功能性强、稳定性高。

③发动机风扇为静液压驱动风扇，为自动控制，能降低燃耗和噪声。

④低驱动、长轮距底盘确保机器有出色的爬坡能力和稳定性。

⑤全新设计的六边形驾驶室，宽敞的内部空间、全新的驾驶室减震器使驾驶更舒适，有绝佳的视野、大容量空调系统、加压的驾驶室扶手可调和先进的高背座椅。

任务5.3　认识日本日立建机品牌与文化

1. 企业简介

（1）日立建机株式会社（日立建机）隶属于日本日立制作所，在与其合资子公司（日立建机集团）的努力下，凭借其丰富的经验和先进的技术开发并生产了众多一流的建筑机械，从而成为世界上最大的挖掘机跨国制造商之一。日本最大的800 t级超大型液压挖掘机（即EX8000）就来自于日立建机。日立建机是一家世界领先的建筑设备生产商，成立于1970年10月1日，总部位于东京。主要进行建筑机械、运输机械及其他机械设备的制造、销售和服务。下属机构分布在不同国家的36家公司，包括美国、加拿大、中国、新加坡、印度尼西亚、泰国、马来西亚、印度、澳大利亚、新西兰、荷兰、英国、法国、意大利和南非。

（2）日立建机在中国的发展。

日立建机在中国的业务中心是负责生产制造的日立建机（中国）有限公司和负责销售的日立建机（上海）有限公司。此外，还有位于北京的日立建机中国办事处、专营融资租赁业务的日立建机租赁（中国）有限公司和覆盖全国的各代理店。日立建机集团在中国总共有54个销售代理。

日立建机（中国）有限公司成立于1995年3月27日，坐落在安徽省合肥市经济技术开发区。公司主营挖掘机及其他建设机械的制造、销售、服务、配件供应。

日立建机（上海）有限公司成立于1998年1月8日，坐落于上海内高桥保税区，由日立建机株式会社、三菱商事株式会社、中国香港永立建机有限公司、日立（中国）有限公司共同投资，投资总额为800万美元。公司主要销售日立品牌的建筑机械产品，并负责所售机器的交付、各种售后服务、仓储管理和提供迅速的配件供应。

2. 获得荣誉

（1）日立建机ZX200-5G挖掘机荣获"2014年中国工程机械年度产品TOP50市场表现金奖"；

（2）日立建机ZX70-5履带式液压挖掘机凭借出色的市场表现与用户好评，荣获"中国工程机械年度产品TOP50（2016）市场表现金奖"，成为又一款由日立建机打造的"金牌挖掘机"；

（3）2016年，日立建机新一代混合动力挖掘机产品ZH200-5A荣获2016中国工程机械行业互联网大会（CMIIC2016）"匠工精品奖"；

（4）2017年，日立建机ZX200-5A履带液压挖掘机凭借独有的创新技术，荣获"中国工程机械年度产品TOP50——技术创新金奖"；

（5）2016、2017、2018年连续被评为"全国建筑机械行业质量领先品牌"，并再获"全国产品和服务质量诚信示范企业"称号；

（6）日立建机凭借优质产品力和品牌力，荣获"2017中国挖掘机用户品牌关注度十强"；

（7）英国KHL集团推出的2018年全球工程机械制造商50强排行榜（Table2018），日立建机以83.01亿美元的销售额居第3位。

3. 日立建机logo ◎ HITACHI

日立公司（Hitachi Limited）为日本大型的综合性电机跨国公司，前身是小平浪平于1910年建立的久源矿业日立矿山的电机修理厂，1920年从久源矿业公司分立出来。总公司在东京，日立建机红色圆形商标的含义为一个人站在冉冉升起的太阳前规划未来愿景。

4. 企业文化

企业理念：富饶的大地，繁荣的都市，美好的未来!日立建机贡献于创造舒适的生活空间！

不断推动"机械"的进化，让建设舒适生活空间的"人"与"作业"更加舒适，更加先进，更加高效。

带给客户全新的价值体验，并持续开发与提供独创的技术、商品、服务。

在稳定维持利润的同时，寻求环境和谐、贡献社会、文化活动等与社会的广泛共生关系，致力成为"有良心的企业市民"。

日立建机的核心价值："3C精神"——Challenge（勇于挑战），Customer（客户至上），Communication（顺畅沟通）。

日立建机的目标是：将用户的设备保持最佳使用性能。

为了实现这一目标，日立建机在中国各地设立了200多个服务网点。一批经过严格培训、经验丰富的服务人员在向售后服务的最高境界进行挑战，以保证您的机器一直处于最好的使用状态。

5. 发展理念

2010年，日立建机集团就确定制定了2020年的发展方针政策。作为10年愿景的第一步，提出了"Go Together 2013"计划，这是以硬件、软件、地域为中心而开展的第一个三年计划，这个三年计划主要是以全球化的发展和矿山化的发展为中心开展的。目前，全球化的发展战略取得了比较卓越的成绩。2014年又制订了第二个三年计划——"Grow Together 2016"。相比"Go Together 2013"，这项计划显得更加成熟和进步。日立建机将利用信息技术来不断扩展事业，吸取好的思想观念从而积极融入产品设计中，集结所有优势于一身的产品送客户手中，最后根据客户使用设备信息状况的反馈情况来改进和完善产品。

6. 主要产品介绍

日立提供各种型号的工程机械设备和附件，工作重量从0.8 t到740 t，覆盖了所有的功能，包括挖掘、装载、搬运、破裂、抓取、切削、破碎和筛滤。

（1）日立挖掘机。

日立是世界领先的挖掘机制造商之一，机器具有高度可靠性，因而赢得了广泛的信任。这些机器非常坚固，能应付最恶劣的作业条件，使您获得最大工作效率。

日立迷你挖掘机（＜6 t级，以ZX55UR-5A型号为例，如图5-10）以其高效性、创新性著称。通过改良设计使其在狭小作业场地也能保证高效、安全地运转，因而特别适用于人口密集的城市地区。新型ZX55USR-5A配备原装进口环保型发动机，结合日立高性能液压系统，不但降低了油耗，而且带来了高效的作业性能和顺畅的操作感觉。尤其适合市政

图5-10　ZX55UR-5A日立迷你挖掘机

建设、土地平整、农林改造等工程。

日立中型挖掘机（6~40 t级，以ZX130H-5A型号为例，如图5-11）也凭其可靠的质量、优良的设计而为全世界广大用户所熟知。"新一代发动机"保护地球环境，关爱生命健康，大功率、低燃耗绿色环保型产品，采用原装进口的高品质高耐用发动机，搭载了高压共轨电喷系统和冷EGR系统，结合日立HIOSⅢ液压系统，有效提高了燃油效率，提升了作业性能。废气排放符合国家3次排放标准。此外，结构件采用强化设计，操作空间更加舒适安全，保养管理更加省时省力，是一款能为您带来高效作业性能的经济环保型产品。

图5-11　ZX130H-5A日立中型挖掘机

日立建机是大型液压挖掘机（≥40 t级，以ZX690LCH-5A型号为例，如图5-12）的市场引领者。通过对质量的不懈追求，并结合卓越的工程机械原理，制造出了高强度、长使用寿命的机器，满足用户在矿业中的各项作业要求。ZX690LCH-5A大型挖掘机采用新型HIOSⅢB液压系统，匹配原装进口大功率发动机，有效提高了能量利用率，带来了高效作业性能的同时，实现了低油耗。整机结构采用高耐久性的强化设计，为实现低运转成本提供了坚实的技术保障，是一款高效耐用的环保型产品。

图5-12　ZX690LCH-5A大型液压挖掘机图

日立正铲挖掘机（如图5-13）动力强劲，操作简便，可以在各类型矿业或建筑工地处理任意大小的装载量。它的高可靠性使您在保持低保养成本的同时获得最佳的工作效率。

图5-13　日立正铲挖掘机

（2）日立轮式装载机（以ZW220-5A型号为例，如图5-14）。

图5-14　ZW220-5A轮式装载机

日立轮式装载机机型众多，品种齐全，它们的操作安全、简便，新手也能很快上手。这些环保型机器给予最大的工作效率，保证作业的顺利完成。ZW系列必将为高生产率、易操作的轮式装载机设立新标准。新型ZW220-5A轮式装载机集出色的燃油经济性和大幅提升的操控性于一身，日立原创技术"发动机主动控制系统"不仅能够确定运行状态，而且可在调节发动机转速的同时抑制机器颠簸不稳。ZW220-5A具备今天最为看重的两大特性——出色的燃油效率和生产率。

（3）铰接式自卸卡车（如图5-15）。

图5-15　铰接式自卸卡车

日立铰接式自卸卡车动力与重量比高，燃油消耗率低，在工作效率和经济性上均表现出其无可比拟的优越性。加上驾驶的舒适性，是一台完美的高性能机器。

（4）日立橡胶履带式运输车（如图5-16）。

图5-16　橡胶履带式运输车

日立橡胶履带式运输车动力强劲，是专为泥泞、不平整工地的作业而设计的车辆。即使在重载的情况下，它依然能在松软场地上平稳前进。

（5）日立双臂工作机械（如图5-17）。

图5-17　双臂工作机械

双臂工作机械以实现复杂和细腻的工作为目标，是为了顺应处理危险物、救灾等复杂且细腻的施工作业要求潮流而开发的。其最大特点是除了具有2个前端工作装置之外，还具有各种功能，实现更加灵活的操纵作业。该设备可以实现"抓紧目标的同时可对目标实施切割""支撑的同时可以拖拽对象物""弯曲长型对象物"等更加复杂的作业。

（6）电动化的液压挖掘机（如图5-18）。

电动化的液压挖掘机以蓄电池为驱动源，其回转和行走都以电动驱动。与常规的柴油驱动液压挖掘机相比，其操作灵活性一点儿也不逊色。此外，通过电力再生（制动器工作时可开始发电）可以减少动能的浪费，从而可以实现减少排放二氧化碳50%以上。

图5-18　电动化液压挖掘机

任务5.4　认识瑞典沃尔沃品牌与文化

1.企业简介

沃尔沃建筑设备公司隶属于世界领先的商业运输解决方案供应商沃尔沃集团，总部位于比利时布鲁塞尔，是全球第三大建筑设备制造商。主要生产挖掘机、轮式装载机、铰接式卡车、小型设备、自行式平地机、压路机、摊铺机和铣刨机等产品。分别在瑞典、德国、波兰、美国、加拿大、巴西、韩国、中国和印度设有生产基地，业务遍及150多个国家。另外，其高效优质的客户服务和融资服务，满足了全世界建筑设备客户不断增长的需求。

在欧洲和美洲，沃尔沃建筑设备公司具有悠久的历史和举足轻重的地位。但随着近几年全球经济一体化的趋势，公司逐步加大了在亚洲、南美洲以及东欧市场的投资额。例如沃尔沃建筑设备（中国）有限公司、沃尔沃建筑设备（韩国）研发中心、沃尔沃建筑设备（波兰）有限公司和沃尔沃建筑设备（前苏联）有限公司。

在中国，沃尔沃建筑设备（中国）有限公司于2002年3月成立，总部设在上海。新工厂位于上海浦东金桥出口加工区，于2003年3月开始投产。投产初期以生产履带式挖掘机为主。2003年4月14日第一台中型挖掘机VOLVOEC210B成功下线，2004年4月26日第一台小型挖掘机VOLVOEC55B成功下线。2004年8月20日，沃尔沃建筑设备（中国）有限公司与上海金桥出口加工区签订了二期土地使用权转让合同。新土地面积为60000 m²，毗邻沃尔沃建筑设备（中国）有限公司金桥工厂，新厂区面积是原来的两倍，用于满足沃尔沃建筑设备在中国的长期业务发展需要。

自2012年起，中国升级为沃尔沃建筑设备全球四大重点销售市场之一，这也凸显出中国市场日益增长的重要性。3月，沃尔沃建筑设备与上海市人民政府签署了建立中国地区总部备忘录，公司将投资3.5亿美元，在上海建立包括销售、物流、研发、采购和金融服务等部门在内的地区总部。

2. 获得荣誉

（1）2015年，沃尔沃建筑设备大型挖掘机荣获"全国用户满意产品"荣誉称号；

（2）沃尔沃建筑设备凭借在新媒体领域的产品营销创举，荣获"2016年度中国工程机械十大营销事件——最佳媒介创新奖"；

（3）沃尔沃建筑设备投资（中国）有限公司生产的EC200D履带式挖掘机荣获"中国工程机械年度产品TOP50"称号；

（4）2017年沃尔沃建筑设备"沃就在你身边"客户体验升级活动获评"中国工程机械十大营销事件"；

（5）英国KHL集团推出的2018年全球工程机械制造商50强排行榜（Table2018），沃尔沃以78.1亿美元的销售额居第4位。

3. 沃尔沃logo

Volvo是拉丁文，意思为"滚滚向前"。沃尔沃的标志被称为"铁标"（Iron Mark），由Volvo字母、一个铁环和一条斜线组成。外围的铁环代表了著名的瑞典钢铁工业，象征着沃尔沃汽车的坚固耐用性；铁环上的箭头是罗马搜索神话中战神Mars的符号；而贯穿上下的斜线，最初用来将铁环固定在前格栅上，后来慢慢被人们看作是安全带的象征。对沃尔沃而言，这一现代化的企业品牌标志也代表沃尔沃对客户所做出的安全、品质、环保、设计的承诺。

4. 企业文化

沃尔沃的核心价值是：品质、安全、环保。这是企业的基本原则，适用于企业面向未来建立的商业体系，也适用于企业所提供的各种软硬件产品。凭借着沃尔沃品牌和沃尔沃柴油发动机技术，企业拥有的强大支持，为企业在全世界赢得了尊重。

5. 发展理念

沃尔沃把其一贯坚持的严谨、务实而又人性化的理念充分融入所有产品的设计和生产中，使得沃尔沃的产品无论在质量、安全性能、价格还是售后服务上都得到业界同行和客户的首肯与青睐。近年来，沃尔沃建筑设备全球研发人员还在积极创新，开发新的工艺和技术，极大地减少了产品维修的成本，从而使沃尔沃在全球市场上更具优势和竞争力。

6. 主要产品介绍

沃尔沃建筑设备不断为您提供最好的产品，设备的每一处都经过精心打造。从设计到生产到销售到维修服务，沃尔沃建筑设备保证做到使您满意。主要产品有轮式装载机、履带式挖掘机、铰接式卡车、自行式平地机、摊铺机等。

（1）轮式装载机（以L350F轮式装载机为例，如图5-19）。

主要优点：L350F轮式装载机可以完成任何工作。整台机器、举升臂和附加装置共同构成动力装置，是功能与智能的完美结合。可以快速平稳地举升，并且重量大、高度高。L350F是耐用的装载机，能够全天候地处理最艰难的工作。

图5-19　L350F轮式装载机

（2）履带式挖掘机（以EC700B履带式挖掘机为例，如图5-20）。

主要优点：EC700B履带式挖掘机这一70 t级的挖掘机拥有80 t级的主要特征：更加坚固的行走部分，更强的泵、回转和行走性能，以及同级别中最强大的发动机。以沃尔沃EC460B为基础，EC700B必将成为后来竞争者的领袖，因此可以获得所需要的最高性能、舒适度和安全性。

图5-20　EC700B履带式挖掘机

（3）铰接式卡车（以A60H铰接式卡车为例，如图5-21）。

图5-21 A60H铰接式卡车

沃尔沃建筑设备正式推出史上最大、性能杰出的60 t级沃尔沃A60H铰接式卡车。凭借其经久耐用的特性、便捷的检修方式，加上出色的沃尔沃经销商网络体系，A60H不仅可实现连续生产作业，且效能值得信赖。

主要优点：

①新型60 t级A60H铰接式卡车是沃尔沃建筑设备有史以来推出的最大铰接式卡车，它已经为现场作业整装待发。A60H专为严苛户外工况（包括采石场、露天采矿和大型土方搬运场合）的重载运输而设计，不仅使用寿命长，而且质量、可靠性和耐久性均十分出色，可全方位满足客户需求，轻松、高效地完成运输作业。

②A60H配备重型前后车架、铰接头和湿盘式制动器，专为长时间运行作业而设计。不仅如此，凭借沃尔沃久经考验的耐久声誉和多样化的维修保养服务支持，客户完全无须为设备劳神费心，因为强度和耐久性正是A60H铰接式卡车的两大标志性特征。

③沃尔沃A60H铰接式卡车专为提高用户作业效率量身打造，能以低油耗实现高运载量。出色的燃油效率、创新技术以及实用的运行数据工具，可帮助客户控制维护成本，获得最大的投资回报。

④业界领先的55 t（美制60 t）有效载重量，有助于A60H降低单位物料运载成本。具有前瞻性的设计理念可在提高燃油效率的同时有效提升机器性能，从而实现低油耗和高载重的双赢。

⑤由16 L沃尔沃发动机提供动力，其最大功率达到382 kW，最大扭矩达到3200 N·m，更具有出色的燃油效率。凭借其燃油高效性享有极高的盈利能力和投资回报率。

⑥当A60H铰卡与其他同类设备相比较时，大多数操作手会更倾向于沃尔沃。中置的座椅、卓越的转向系统、出色的悬架、低噪声水平、驾驶室气候控制系统、充足的空间以及绝佳的视野有助于减轻操作手的疲劳度，实现更高效的作业。绝佳的舒适性、操控性、

便捷性和安全性对操作手极具吸引力，可在每个工作日实现全天候的高效作业。

⑦A60H铰卡配备的卸料辅助系统和装料/卸料制动器也可助操作手一臂之力，进一步提高生产率和安全性。A60H铰卡配备的众多安全特性（如绝佳的视野和高效的照明装置等）可在极为严苛的作业环境下确保操作手和设备周边作业人员的安全，无论操作手、培训师、机械师还是现场工作人员，均可得到有效的保护。

（4）自行式平地机（以G990自行式平地机为例，如图5-22）。

图5-22　G990自行式平地机

主要优点：

新一代发动机符合现有的全部Stage Ⅲ A/Tier3排放标准；刀板下压力可以达到11395 kg，保证了前端无偏移的强大切割力；最大刀板推力达到13000 kg，有助于提高工作效率；沃尔沃自行研制的HTE840动力换挡变速箱，前8后4级变速能够按照作业要求轻松实现多种操作模式的平稳转换。

任务5.5　认识德国利勃海尔品牌与文化

LIEBHERR

1. 企业简介

家族企业由汉斯·利勃海尔在1949年建立。公司的第一台移动式、易装配、价格适中的塔式起重机获得巨大的成功，成为公司蓬勃发展的基础。今天，利勃海尔不仅是世界工程建筑机械的领先制造商之一，还是被众多领域客户认可的技术创新产品及服务供应商。多年以来，家族企业已经发展成为目前的集团公司，拥有大约32600名员工，在各大洲成立了100余家公司。

分散结构的利勃海尔集团公司划分为结构清晰的、自主经营的企业单元。通过这种方式，可以确保直接亲近客户，因而有能力在全球竞争中对市场信号做出灵活而迅速的反应。各产品的生产和销售公司一般都归属于按产品大类设立的企业集团领导。

2. 获得荣誉

（1）利勃海尔履带式装载机LR634Litronic在知名设计国际论坛上赢得了2008年运输机械类的"IF产品设计奖"。这个奖项共提名了来自35个国家的2700多种产品，最终在运输机械类授予了18个奖项。评选团的评选标准包括设计质量、材料、创新、环保性能、功能性、人类工程学、使用的方便性、安全性能、品牌以及整体设计的美观性。

（2）利勃海尔履带式推土机PR764Litronic在西班牙赢得了"2008年度最佳推土机"的称号。在专业工程机械杂志*Potencia*的主持下，由西班牙顶尖工程机械公司成员组成的专家评选团评选了这个2008年度最佳工程机械奖。在11个类目中共有120个竞争者。利勃海尔履带式推土机60 t级的旗舰产品在推土机类中脱颖而出，赢得了这个奖项。

（3）在同一个产品评选活动中，配备新型轮轴的利勃海尔新型移动吊车LTM11200-9.1以其1200 t最大车轴载荷成为世界上最大的全路面起重机，并且在起吊设备类赢得了"2008年度最佳产品奖"。

（4）2009年度利勃海尔森德兰工厂被授予国际贸易类"英国女王嘉奖"。这是一个企业在英国可以赢得的最高荣誉的奖项。"国际贸易女王嘉奖"专用于表彰有实力的成长企业和在国际商业市场中取得非凡成绩的佼佼者。利勃海尔森德兰工厂主要生产各种类型的起重机和货物装卸设备。产品范围包括船用及港口起重机、海洋平台吊、移动式码头高架吊。该厂生产的超过85%的设备出口。

（5）2016年德国公布的德国50首富名单中，利勃海尔集团位居17名。

（6）英国KHL集团推出的2018年全球工程机械制造商50强排行榜（Table2018），利勃海尔以73.98亿美元的销售额居第5位。

3. 利勃海尔logo **LIEBHERR**

利勃海尔作为一家家族企业，是由汉斯·利勃海尔博士在1949年创立的，因其创始人而得名，公司的第一台移动式、易装配、价格适中的塔式起重机获得了成功，成为利勃海尔公司蓬勃发展的基础。企业在瑞士，总部在德国。这个家族企业的拥有者全部是利勃海尔家族的成员，现在由第二代Isolde Liebherr和Willi Liebherr兄妹共同领导。

4. 企业文化

利勃海尔集团是一家100%的家族企业，它决定了公司的企业文化，并为公司通往成功之路奠定了坚实的基础。

利勃海尔采用独立经营的模式；

利勃海尔是值得信赖的合作伙伴；

利勃海尔富有创新精神；

利勃海尔的员工是企业取得成功的关键因素；

利勃海尔对高品质的追求体现在每个细节；

利勃海尔主动承担责任。

5. 发展理念

为保持产品的高品质标准，利勃海尔极度重视关键技术的工厂内部控制。为避免核心元件的外购，主要组件在工厂内部开发和制造。包括建筑机械的整个传动链及控制技术部件，例如电气、电子、变速、液压及柴油发动机产品组等。

6. 主要产品介绍

利勃海尔集团的产品主要应用于建筑机械领域，如土方设备、塔吊、移动式和履带式起重机、混凝土设备、矿用卡车、海事工程吊车、航空设备和家用电器等。

（1）塔式起重机。

利勃海尔塔式起重机在通用性方面是无可匹敌的。它拥有采用各种系统和尺寸的机器、先进的起重技术，型号品种齐全，适用于任何土木工程建设任务。具有良好适应能力的快速架设起重机（如图5-23）和高效率顶部回转起重机（如图5-24）在全球居住建筑和大型工业项目中证明了自己的价值。

图5-23　快速架设起重机图　　　　　　图5-24　高效率顶部回转起重机

（2）轮式挖掘机。

轮式挖掘机的操作重量范围为9~113 t，采用统一的挖掘机结构设计和最先进的技术。机器可以用于土木工程、工业物料装卸、开挖隧道、水利工程、拆毁及采矿应用等。所有工作装置，包括反铲铲斗、正铲斗、物料装卸或拆毁工作装置均由利勃海尔自己设计和制造。

以A924CLitronic挖掘机为例（如图5-25），由利勃海尔柴油发动机提供动力，采用最先进的技术。不论是偏置动臂还是鹅颈动臂，挖掘数值及各种斗杆长度时的起重能力都是

图5-25　轮式挖掘机

非常惊人的。另外，机器还配备支撑平铲或2点内伸支架，或者两者的组合，来获得最优的稳定性。

（3）浮式挖掘机。

利勃海尔浮式挖掘机（如图5-26）是液压挖掘机的一种变型，根据海上应用的要求而系统地设计制造。即使在最恶劣的条件下，高强度设计与出众的应用性能也确保了长使用寿命和最大的可用性，以及最优的环保性。通过选择专为满足清淤工业要求而设计的、适当的机器型号及工作装置，可以获得各种应用的完美解决方案，最大挖掘深度可以达到水下38 m。

图5-26　浮式挖掘机

（4）铺管机。

利勃海尔铺管机（如图5-27）根据现代管路铺设现场的要求而设计，根据发动机的输

图5-27 管路铺设机

出功率有多种型号可供选择。作为一种通用机器，管路铺设机还可以用于管路运输，以及用作焊接设备、管路定向设备或压缩机的电源。主要特点是具有非对称履带架，并且动臂侧的大轨距允许对沟渠边缘直接进行操作。配重侧的窄轨距减小了所需工作面积，并且方便了运输。所有行走和转向运动，以及起重臂的操作只需两个操作手柄即可完成控制，从而降低了错误操作的可能性。静液压行走传动机构为两条履带提供连续的动力，并且无须开关程序，履带可以轻松越过陡坡。因为行走传动机构不会磨损，并且作为制动器使用，无须强化制动系统，即使在陡峭道路上亦是如此。

任务5.6 认识韩国斗山品牌与文化

1. 企业简介

斗山工程机械有限公司（简称DICC）是于1994年10月1日成立，1996年6月28日正式竣工投产的韩国独资企业。主要从事挖掘机、叉车和发动机的生产、销售，累计投资7300万美元。工厂总面积约25万m²，员工1600余名，年生产能力为挖掘机15000台，叉车5000台。2003～2008年，在由《人民日报》《市场信息报》等十几家新闻媒体联合提名公众投票选举的"中国市场产品质量用户满意度调查"活动中，斗山挖掘机连续6年荣获了"中国挖掘机市场产品质量用户满意第一品牌"荣誉称号。2018年全球工程机械制造商50强排行榜（Yellow Table2018）位居第7位。

公司非常重视品质、环境、健康、安全系统的管理，ISO9001国际品质管理体系认证、ISO14001环境管理体系认证、OHSAS18001职业安全健康管理体系认证的顺利通过和有效运营，保证了公司健康持续发展。在发展的同时，公司始终不忘回报社会：自2001年起公司先后向"中国青少年发展基金会"捐款625万元人民币在中国各地建立了24所希望小学。2007年，一次性捐款2000万元人民币，建成温暖工程（斗山）培训中心。四川汶川大地震发生后，公司一次性捐款1000万元人民币投入抗震救灾。

2. 获得荣誉

（1）2012年获得"全球工程机械卓越品牌"荣誉称号。

（2）2012年，连续第四年荣获"履行社会责任优秀企业特等奖"荣誉。

（3）2013年，被评为"中国最具竞争力品牌企业"。

（4）2013年，累计9年获"中国挖掘机市场用户满意第一品牌"称号。

（5）2014年，斗山荣获上海CSR"共同成长单元优秀企业奖"。

（6）英国KHL集团推出的2018年全球工程机械制造商50强排行榜（Table2018），斗山以62.32亿美元的销售额居第7位。

（7）2018年，由工程机械与维修杂志社主办，业内众多主流媒体共同协办的"2018工程机械产品发展（北京）论坛暨中国工程机械年度产品TOP50颁奖典礼"在北京举行。作为全球领先的工程机械制造商，斗山工程机械两款明星产品DX300LC-9C型履带式挖掘机和DX800LC-9C型履带式挖掘机双双入选"中国工程机械年度产品TOP50"，可谓满载而归。

3. 斗山工程机械有限公司logo **DOOSAN**

"DOOSAN"企业的命名源于：瓜钵（在韩语中为"doo"）聚积财富，使公司成为一座高山（在韩语中为"san"）；中文名"斗山"，由测量谷物的单位"斗"与代表"山"的"山"字组合而成，具有"一斗一斗积少成山"之意。代表了每个人的努力可以汇聚成一股力量成就大业的坚定信念。

4. 企业文化

目标：世界引以为豪的斗山。

愿景和使命：我们致力于提供卓越的产品和服务，我们是客户值得信赖的合作伙伴，客户以与我们合作为荣。

企业社会责任：为了履行企业公民的责任，我们每年都会把年收入的一部分支持社会、环境和学术项目，为全国各社区的振兴贡献力量。除了维护公司所有员工的家庭幸福和安康外，我们还竭尽全力造福全人类。

质量管理：质量和服务就是斗山品牌的内涵。不仅在产品的研发领域进行投资，还积极投资为员工提供最好的培训，使他们树立起全球卓越标准的目标。

斗山人：斗山人重视斗山的根本价值和人才面貌，并渗透到行动当中。

5. 发展理念

坚持追求以人才发展作为事业增长动力的2G战略，立足于固有的经营哲学，追求独特的事业战略而取得了长足的发展，并以惊人的增长速度继续向前发展。以人为本促事业发展的斗山独有的2G战略，"人"是过去百年推动斗山发展，也是将引领斗山未来百年成功的源源不断的、具有强大竞争力的原动力，对人的信任就是斗山的经营哲学。

6. 主要产品介绍

斗山工程机械有限公司的主要产品包括挖掘机、轮式装载车、起重机、混凝土泵车等种类，逐步成长为韩国最大规模的建筑用重装备企业。

（1）挖掘机。

斗山挖掘机按照整机重量和额定功率进行分类，品种齐全，应用十分广泛。

迷你/小型挖掘机（以DX55-9C为例，如图5-28）：体积小巧，动作灵活，操作便捷；适合在狭小的空间、高难度的作业环境中作业；适合隧道、管线的挖掘，边坡的修整，以及农林等行业的小型施工；具有出色的工作效率及卓越的性能。斗山小型机迷你挖掘机集舒适性、可靠性、出众的工作性能及整备性于一体，为客户创造更高使用价值。

图5-28　DX55-9C迷你/小型挖掘机

中型挖掘机（以DX220LC-9C为例，如图5-29）：斗山9C系列中型挖掘机是性能、品质与耐久性的完美组合，在过去十年赢得了无数忠实客户的信赖。是目前市场上最畅销的产品型号，动力更强劲，单位时间作业量更大，在常见的土方施工如地基挖掘、公路、铁路路基的修建等中多采用此规格挖掘机。

大型挖掘机：操作舒适，驾驶安全，动力强劲，作业效率高；广泛应用于中大型土石方工程、水利工程及矿山中。斗山大型挖掘机针对中国市场地域多样性的特点研发，能够轻松应对矿山极端作业环境，拥有高可靠性及生产效率。优异的燃油效率保证了在单位时间内能创造更多价值，是顾客事业拓展的基石。

（2）装载机（如图5-30为DL301-9C/DL302-9C装载机）。

斗山装载机作业效率高，品质可靠有保障，节约油耗，操作舒适便利。提供最佳的生

图5-29 DX220LC-9C中型挖掘机

图5-30 DL301-9C/DL302-9C装载机

产效率并能满足多种不同工况。有3 t 和5 t 两种型号的装载机。

主要特点：优良的冷却性能，可进行连续性的高负荷作业；便捷舒适的操作环境以及低噪声，减轻驾驶员的疲劳；以严格的耐久性实验及尖端技术的应用，实现故障率的最小化；以合理化设计，将重心移至后轮轴处，改善装备的稳定性；转向角度设计成40度，使行走时的转弯半径最小化，满足狭窄的作业场所作业需求；舒适的驾驶空间，使驾驶员与装载机融为一体；强大的动力引擎和强劲的爆发力，能够满足在各种恶劣工况下作业的需求。

（3）叉车。

斗山有内燃式叉车（如图5-31）和电动式叉车（如图5-32）。

其中内燃式叉车的主要特点是：大功率，高效能；驱动系统的安全性和耐久性好；转向轻便迅捷，低磨损、易保养；制动性能可靠，提高安全性能；双滤芯空滤器的设计，延长了发动机的使用寿命。

图5-31　内燃式叉车

图5-32　电动式叉车

电动式叉车的主要特点是：采用进口驱动和液压电机，降低整体运行成本；斗山独有的ACT-主动控制技术，提高了控制能力，对整车性能提供了更好的保障措施；智能化的操作控制模式，通过模式切换，在不同工作状况下均能获得良好的操控性能；配备有操作安全感应系统OSS，在驾乘人员离开座椅未拉手刹时，方向开关在前进或后退挡位时，车辆会自动恢复空挡并停止行驶；人机工程学设计的液压操作手柄或指式操作控制按钮（选购），使操作更方便灵活，减轻疲劳。

（4）斗山铰接式自卸卡车（以DA40型号为例，如图5-33）。

斗山铰接式自卸卡车以串联转向架和特殊屈折系统提供稳定的行驶性能，确保生产效率。配备永久的六轮驱动，实现了均匀的重力分配，同时自由摆动的尾部串联转向架和特殊铰接系统的设计也使卡车具备了卓越的驾驶性能。铰接链位于转向环的后面，确保平均的重力分配。倾斜的后车厢设计降低了车辆的重心点，提高卡车的整体稳定性，确保了更加快速和轻松地倾斜货物，从而保证即使是在最苛刻的条件下，也能够提高工作效率。许多斗山铰接式卡车在超过25000个小时后也无须对发动机进行任何重大维修。全自动的传动系统和流畅的换挡为驾驶员提供了最大的便利性和舒适性，便于集中精力工作。

图5-33　DA40斗山铰接式自卸卡车

（5）斗山DX300LC-9C大型挖掘机（如图5-34）。

图5-34　DX300LC-9C大型挖掘机

DX300LC-9C是30 t级别装备中的"节油之星"。广泛应用于各类小型矿山和大型市政工程，是小型矿山市场的主流产品。其特点：动力强劲、挖掘作业坚实有力，且以"驾驶员为中心"的设计理念，将驾驶室内部噪声和震动降到最低；同时具备满足四季作业需求的空调系统及多功能LCD仪表盘，提升作业舒适性和便利性；产品配备EPOS（电子功率优化系统）+SPC（智能功率控制）技术，打造"双重节油系统"，被客户爱称为"小矿节油王"并荣获"CMIIC2017工程机械匠工精品奖"。

（6）斗山DX800LC-9C（如图5-35）。

图5-35　DX800LC-9C大型挖掘机

斗山DX800LC-9C针对中国各地矿山极寒、极热、海拔高、粉尘大等不同环境特点，力求从适应性上寻求突破。在反复进行前期预判、实地作业、更新优化后，斗山积累了翔实数据，针对性地对DX800LC-9C进行发动机与液压系统的升级、大臂加固、铲斗等结构件加强，全面提高设备的作业效率、耐久性和安全性，成就了这款当之无愧的"矿山大力士"。DX800LC-9C力量与稳健的高度融合、优越的性能，可实现生产率大幅提高兼具优越的耐久性能。斗山DX800LC-9C的出现，成功填补了中国超大型机市场空缺，深受客户认可并荣获"CMIIC2017工程机械匠工精品奖"。

任务5.7　认识美国约翰迪尔品牌与文化

1. 企业简介

（1）1837年，迪尔公司的创始人约翰·迪尔研制出一种不粘泥土的钢犁，并由此起家创立了迪尔公司。180多年来，迪尔公司通过与世界各地农民携手合作，不断成长壮大。约翰迪尔（John Deere）已经成为驰名世界的品牌。迪尔公司全球员工数47000人，总部位于美国伊利诺依州莫林市。1978年中国改革开放以来，迪尔公司积极参与中国的现代化建设，其著名品牌"约翰迪尔"在中国广为人知。40多年来，迪尔公司在中国的业务不断扩展和完善，目前在天津、哈尔滨、宁波、佳木斯等地均有分厂，并且与天拖、徐挖等合资建厂。迪尔公司在创新上投入了大笔资金，对研发所做的投资约占年收入的4%，研发投资让公司迅速打开了成长型市场，例如在巴西和俄罗斯等国家，有7家新工厂正在筹备当中。

（2）公司在中国的发展历程。

1976年，公司董事长威廉·休伊特（William Hewitt）先生率美中贸易全国委员会首次访华，标志着约翰迪尔在中国发展的起点。

20世纪80年代，约翰迪尔成为向中国农机行业转让制造技术的外国农机制造商，并与黑龙江农垦合作开展了技术培训项目。

1995年，成立中国总部，公司在北京成立办事处。

1997年，约翰·迪尔（佳木斯）农业机械有限公司在黑龙江省佳木斯市成立，这是约翰迪尔在中国的第一家工厂。

2000年，约翰迪尔（中国）投资有限公司成立。

2005年，约翰迪尔（天津）产品研究开发有限公司和约翰迪尔（天津）有限公司在天津市经济技术开发区成立。

2008年，徐州徐挖约翰迪尔机械制造有限公司在江苏省徐州市成立。这家合资公司是约翰迪尔在中国的第一家工程机械工厂。

2010年，约翰迪尔融资租赁有限公司在天津成立。这是中国第一家专业从事农业设备客户融资的公司。

2010年，拓展工程机械市场，约翰迪尔（天津）有限公司旗下新建工程机械工厂，这是在中国的第一家独资工程机械工厂。

2011年，约翰迪尔（天津）有限公司旗下新建柴油发动机工厂。这是约翰迪尔在中国的第一家柴油发动机工厂。

2. 获得荣誉

（1）2012年获得北京大学授予的"最佳雇主奖"；

（2）2013年获得中国农业机械年度产品TOP50"技术创新奖"和"应用贡献奖"；

（3）2014年连续8年荣膺"全球最具商业道德企业奖"；

（4）荣获"2015中国农业机械年度产品TOP50"综合金奖；

（5）在2015汉诺威农机展斩获3项金奖、10项银奖；

（6）荣获"2016中国农业机械年度TOP50"技术创新金奖；

（7）英国KHL集团推出的2018年全球工程机械制造商50强排行榜（Table2018），约翰迪尔居第9位。

3. 约翰迪尔logo

约翰迪尔是由创始人约翰·迪尔先生（John Deere）在1837年创立的，企业总部位于美国伊利诺依州莫林市。首个使用leapingdeer商标注册于1876年，当时公司每年生产60000多把犁，因为工厂所在地位于莫林，这些犁通常被称为"莫林犁"，代表着"以优良农具而闻名的质量商标"。公司历经100多年的发展，商标每一次的改进都反映了当时的发展状况以及公司未来关注的重点。2000年，约翰迪尔推出了最新改版的商标，更新后的商标仍保持着约翰迪尔深厚的传统——尖锐的鹿角、角度、发达的肌肉以及跳跃姿态赋予了一种精力充沛、富有活力的质感。数十年以来，约翰迪尔标志一直以"跳跃的小鹿"出名，也表明了约翰迪尔想要在全球行业范围内保持领先的决心，同时牢牢扎根于"优质、创新、诚实、守信"的基础价值观。

4. 企业文化

约翰迪尔的核心价值观：诚实、优质、守信、创新，这些不仅是公司工作的信念理想，更是融入约翰迪尔血脉和呼吸的价值观——体现在约翰迪尔提供的每一件产品和每一项服务之中。

5. 主要产品介绍

（1）挖掘机（以E130为例，如图5-36）。

①额定功率高达80 kW，独家的全功率模式，需要更高产能带来额外动力；

②约翰迪尔PowerTechE发动机，独有的湿式缸套，延迟熄火，动力可靠耐久；

③独特的全工况自选工作模式，系统自动针对挖掘、破碎和起重进行优化匹配；

图5-36　E130挖掘机

④一键增压随时满足额外的挖掘力需要，而自动怠速可以自行调整带来更低油耗；

⑤固态电子电路，全面自我诊断系统和保养提醒，密封开关模块，加密无钥匙启动；

⑥增压驾驶室标配行业顶级空调系统，座椅舒适，操控精准，视野开阔；

⑦可选装的专属液压破碎锤管路和控制套件能够自我保护液压系统；

⑧整机重量优化分布，带来极佳的稳定性和吊装能力。

（2）挖掘机（以E360/E360LC为例，如图5-37）。

图5-37　E360/E360LC挖掘机

　　当工况恶劣，如矿山作业时就需要一台强悍的挖掘机来完成工作，E360和E360LC将是明智的选择。澎湃动力和舒适操控的完美匹配，将获得优越的性能和更快的工作循环来满足大量的挖掘作业。高度可靠的约翰迪尔PowerTech发动机带来最优的燃油效率，因此可以用更低的燃油消耗来挖装更多的物料。4种液压动力模式和3种工作模式适应不同的工作需求来实现最大的生产效率和提供强大的挖掘力。当工作需要额外力量时，按下增压按钮，液压系统可以提供所需的额外液压动力。

产品特点：

①加密无钥匙启动可以为每位操作手设置不同的开机密码来帮助机主了解、跟踪机器使用情况。

②延长的发动机机油和液压油服务保养间隔，有效增加了机器正常工作时间，并减少了日常维护成本。敞开式并集中设置的保养点站在地面上就可以轻松触及，而且机载诊断系统可以最大化保证机器正常运行并带来更低的日常运营成本。

③通过宽敞的前挡风玻璃，E360和E360LC可以提供优越的全方位视野。直观的多功能液晶显示屏可以轻松读取机器运行信息和进行功能设置，包括操作信息、具体的机载诊断、油耗信息，以及更多。

④分离并列式散热器易于清洗。空调冷凝器为外摆式，便于保养散热器。

⑤带增压盖的膨胀水箱可以保持冷却系统压力来保护关键部件。当冷却液液位低于标准时，水箱上的传感器就会提示操作手进行加注。

⑥斗杆上的超长加强筋用来保护斗杆免于铲斗物料的侵害以及钢结构的黄油嘴保护套，以应对恶劣的工作环境。

（3）轮式装载机（以WL56型号装载机为例，如图5-38）。

图5-38　WL56型号装载机

产品特点：

①该机装配有自动电控变速箱，前进4个挡位，后退3个挡位，换挡轻松，传动效率高。变速箱油位便于观察。液压系统采用双齿轮定量泵，整个系统采用O形圈端面密封，性能可靠。

②WL56装载机结构简单，保养便利。发动机机罩开启角度大，便于维护，大大节省了维修与保养时间。

③发动机经久耐用，动力充沛。高效的冷却系统使即使在严苛的条件下仍然可靠强劲。

④约翰迪尔湿式车桥工艺先进，设计独特。车桥采用高强度轻质材料，保证可靠的使

用寿命，有效地降低了运行成本。

⑤驾驶室宽敞舒适，同时带有防翻滚防落物设计，保证操作安全。方向盘、座椅以及靠背可以调节，操作舒适。驾驶室内还配有杯架和储物空间。仪表盘清晰直观。空调系统为操作手提供舒适的工作环境。

任务5.8　认识英国杰西博品牌与文化

1. 企业简介

英国杰西博（JCB）公司成立于1945年，创始人是Joseph Cyril Bamford即JCB先生——挖掘装载机的发明创造者。JCB公司建立迄今的70多年来，一直致力于对研究开发的投入，永远处于技术革新的前列，从最初的一家小企业，发展到目前拥有18家工厂，1800多个销售网点和300多种型号的工程机械、农业机械、工业设备和园艺设备的大型全球化公司。

JCB（中国）成立于2004年。主要业务是生产挖掘装载机和中小型履带式挖掘机，并通过代理商销售。中国是工程机械市场增长最快的地区之一，公司成立以来销售量也逐年增长。2006年4月，总投资1亿7000万元人民币的JCB中国新总部和工厂竣工了，这是JCB在全球的第17家工厂，地址位于上海浦东康桥工业区，总占地面积87000 m²，其中办公室建筑面积3000 m²，一期工厂面积11000 m²。包括一个投资500万元人民币的粉喷油漆线，在最初的阶段，工厂将进行挖掘装载机和小型挖掘机的油漆和组装。JCB对投入中国市场的机器进行了精心的选择，挖掘装载机具有多样性、灵活性的特点，一台机器可以完成挖掘和装载的功能，配备属具后还可以进行破碎、排水、钻洞等各项工作，并且可以在工地上和工地间自由移动，是城镇化和市政建设的最理想机器。而8056小型挖掘机，是JCB专门根据中国市场的情况设计的，机身结实，动力强劲，在任何条件下都能长时间地工作。

2. 获得荣誉

杰西博3CXEco挖掘装载机荣获2011TOP50奖；

杰西博进入2013年中国工程机械年度产品TOP50榜单；

英国KHL集团推出的2018年全球工程机械制造商50强排行榜（Table2018），杰西博以46.11亿美元的销售额居第10位。

3. 杰西博logo JCB

JCB是世界大型工程机械、农业制造公司之一，是欧洲主要的工程机械制造商，是英国最大的家族所有公司。公司成立于1945年，创始人是Joseph Cyril Bamford即JCB先生，因其创始人而得名。企业在瑞士成立，总部在英国。JCB公司发展70多年来，一直致力于对工程机械的研究与开发，处于技术革新的前列，创造"英伦品质"的JCB已经成为世界工程机械制造商品牌之一。

4. 企业文化

企业产品：每一个细节，铸就它的坚韧；

企业目标：每一项投入，成就客户收益；

企业宗旨：每一处设计，确保客户最省。

5. 发展理念

企业使命——公司的成长，需要我们提供创新、强大、高性能的产品和满足全球客户需求的解决方案，我们将以超一流的客户呵护来实现世界一流的产品。我们还将服务延伸至保护环境和社区。我们要为子孙后代共同创造一个更加美好的生存环境而辛勤努力和无私奉献！

6. 主要产品与特点

（1）JCB3CXECO挖掘装载机（如图5-39）。

图5-39　JCB3CXECO挖掘装载机

集挖掘与装载两种功能于一身，使用效率高，设备维护成本低，投资回报快。属具种类多，机器可以进行多种作业，且可带液压动力油输出接口，驱动各种手持工具。挖掘端侧移为标配，视野开阔，挖掘范围大，大大提高工作效率。

时速40 km，转弯半径小，保证机器灵活移动，能在工地快速转场，这样不但可以节省时间、提高工作效率，还可以节省机器转场的运输费用。

舒适的低噪声低震动设计的驾驶室、开阔的视野、可全方位调节的悬浮式座椅和其他各种人性化设计，提供给操作人员良好的作业空间，确保了他们的高工作效率和作业安全性。

（2）JCB8061挖掘机（如图5-40）。

图5-40　JCB8061挖掘机

JCB8061是对国内小挖市场深入调研，精确把握了客户的产品需求后，于2012年5月份推出的一款精品小挖。一经推出就获得了国内客户的一致认可。用户用"6吨机的产品和油耗，7吨的工作效率，特别皮实耐用"来形容这款精品小挖。广泛适用于建筑施工、园林建设、市政工程、小型农田水利建设等领域。

①配置日本原装五十铃4JG1柴油发动机，动力强劲，性能卓越，燃油消耗更低，维护保养便利。

②采用德国力士乐液压主泵、主阀，负荷传感液压系统（LUDV）能根据外界作业负荷精准调整输出压力，复合动作协调性更好，反应更迅速，节能效果更好。

③结构件强化设计，动臂斗杆采用高强度钢板、三层焊缝焊接，整机更为坚固耐用。

④独特的小尾回转结构设计，具有更好的行走和作业稳定性、安全性，即使在狭小作业空间作业也游刃有余。

⑤整机挖掘力、回转速度、牵引力、作业范围等各项性能指标，在同等机型中名列前茅。

⑥全敞开式覆盖件设计，各类滤芯集中布置，地面即可完成所有维修保养工作，省时省力。

⑦业内领先的6减震器驾驶室设计，并配置免受太阳直射的遮阳卷帘，确保操作者拥有安全舒适的工作环境。

（3）JCBJS240LC挖掘机（如图5-41）。

图5-41　JCBJS240LC挖掘机

　　英国原装进口液压挖掘机，整机性能优越、坚固耐用，适合各种工程施工的需求，追求效率的用户之首选机型。配置日本五十铃4HK1X原装发动机，并通过AMS系统的完美结合，精准匹配发动机与液压泵，实现了强劲动力与燃油经济的双重效益。

　　结构件的强化设计，并使用HARDOX超强高度等级钢材，确保了机器在恶劣工况下仍能经久耐用。JCB独特的旁通精细过滤系统，过滤精度达1.5μ，每8 h 就可实现对整个液压系统的循环过滤，提升了液压系统的清洁度，大大延长了液压部件的使用寿命。业内领先的6减震器驾驶室设计，配置免受太阳直射的遮阳卷帘，确保操作者拥有安全舒适的工作环境。采用石墨自润滑铜衬套设计，使得动臂斗杆最大润滑间隔可达1000 h。全敞开式覆盖件设计，各类滤芯集中布置，地面即可完成所有维修保养工作，省时省力。

　　（4）JCB伸缩臂叉装车Loadall（如图5-42）。

图5-42　JCB伸缩臂叉装车

JCB于1973年最先提出了伸缩臂叉装车的产品概念，并于1977年销售世界第一款伸缩臂叉装车520。JCBLoadall专为艰苦工况而设计，采用最优良的部件、材料和最先进的制造工艺，历经科学严密的验证测试而成。该系列产品可以提供卓越性能，更多功能，全方位视野，更快的工作周期和最高的人性化设计。一切只为客户提供最高效、最可靠、最耐久的工业设备。动臂采用U形折弯和充分焊接的闭式箱体结构，减少焊点和应力集中部位，以获得最大的结构强度。伸缩动臂铰接于车架后侧低位，刚性结构耐用且保证了侧方良好视野。动臂举升和伸缩油缸位于车身中心部位，确保工作时的荷载应力平均分布。为实现无出其右的结构强度和可靠性，所有设备的多节动臂重叠部分都超过1 m。液压油管置于动臂内部，以获得最大限度的保护。

任务5.9　认识美国特雷克斯品牌与文化

1. 企业简介

特雷克斯公司创立于1925年，全职雇员21000名（2017年），是一家建筑、基础设施、采石、采矿、运输和公共工业设备生产商，是美国第二大机械设备制造商。特雷克斯是纽约证券交易所上市公司，股票代号TEX。特雷克斯集团现任董事长、总裁兼首席执行官是罗纳德·笛福（Ron De Feo）。特雷克斯公司2007年实现净销售额92亿美元。特雷克斯产品在位于北美、欧洲、澳洲、亚洲以及南美的工厂进行制造，然后销往全球各地。经过90多年的发展，尤其是近40年来的传统与新兴市场的成功开拓，特雷克斯已经成为一家全球化的跨国企业。目前，特雷克斯的生产基地遍及北美、南美、欧洲和亚太地区。

特雷克斯旗下有高空作业平台、建筑机械、重机、物料搬运与港口解决方案和物料处理事业部。这5个事业部的产品覆盖高空作业平台、移动式起重机、塔吊、工业起重机、港口设备、绝缘电力作业设备、物料搬运、破碎与筛分和小型建筑机械等9个产品大类。在所服务的市场中，特雷克斯近80%的产品在行业中排全球前三名内；公司业务遍及全球（北美40%，欧洲30%，其他地区30%），其中，销售收入的5%～10%来自于中国。

2. 获得荣誉

（1）特雷克斯新型起重机获2011 BICES一等奖；

（2）2012年特雷克斯Toplift025G起重机获BICES一等奖；

（3）2012年特雷克斯获ESTA年度卓越奖之安全奖；

（4）2014年特雷克斯获评中国工程机械年度产品TOP50；

（5）2017年特雷克斯获"中国高空作业平台制造商五大品牌奖"；

（6）英国KHL集团推出的2018年全球工程机械制造商50强排行榜（Table2018），特雷克斯以43.63亿美元的销售额居第11位。

3. 特雷克斯logo ▨ **TEREX**

1933年，Armington兄弟成立了"Euclid公司"，这就是特雷克斯公司的前身。Euclid公司于1953年被通用收购，变成了"Euclid部门"，当时美国超过半数的非公路自卸车都是Euclid部门销售的。然而Euclid部门突出的业绩却带来了一个负面结果——美国司法部对通用公司提出了反垄断诉讼，迫使其出让部分Euclid业务和出售Euclid品牌。通用公司在1970年为其未受裁定影响的建筑设备产品和卡车创造了"Terex"这个名字，"Terex"来自拉丁文"terra"（地球）和"rex"（国王）。特雷克斯历经了一条不平坦的发展之路，其历史也是"特雷克斯"这个品牌产生及其演变的历史。2008年，公司用"特雷克斯之路"（The Terex Way）来代表6个核心价值观。

4. 企业文化

企业目标：对提高全世界人民的生活条件有所助益。

企业任务：为我们的机械和工业产品的客户提供解决方案，以产生卓越的生产力和投资回报。

企业宗旨：客户满意。

企业愿景：客户——我们旨在成为我们客户心目中的"最佳客户服务"的公司；

　　　　　投资者——我们旨在成为行业中投资回报率最高的公司；

　　　　　团队成员——我们旨在成为我们员工心目中最受欢迎的工作场所。

企业价值观（特雷克斯之道）：

　　　　诚信（integrity）：恪守道德，认真负责；

　　　　尊重（respect）：理解包容，协作互助；

　　　　进取（improvement）：关注质量，持续改进；

　　　　支持（servant leadership）：服务他人，以身作则；

　　　　承担（courage）：勇于负责，敢于授权；

　　　　回馈（citizenship）：回报社会，放眼世界。

5. 发展理念

特雷克斯的目标是"提高世界各地人们的生活水准"。特雷克斯的宗旨是，令来自建筑、基础设施、采矿以及其他行业的本公司现有及潜在客户满意，并向他们提供超越其目前和将来需求的增值服务。为实现这一目标，特雷克斯始终全力打造安全而又富有激情、创新而又充满乐趣，并包含持续改善的企业文化，以吸引更多优秀人才的加入。

6. 主要产品与特点

（1）特雷克斯RH400——世界最大的液压挖掘机（如图5-43）。

图5-43　特雷克斯RH400液压挖掘机

①RH400是目前市场上最大的液压挖掘机，是TEREX/O&K公司的旗舰产品，也是当今唯一的1000 t级液压挖掘机。对于配装达到300多吨的大型卡车来说，RH400挖掘机是有效且有利的采矿可选方案。

②RH400操作重量980 t，发动机输出功率达3280 kW，正铲能容纳85 t的矿物，绝对是个庞然大物！它在加拿大油砂矿创造了液压正铲新的世界纪录：在性能测试时大大超过9000 t/h，平均产量超过5500 t/h，对于超大型的卡车例如CAT797B等，3~5铲即可装满。RH400挖掘机可配备柴油发动机或电机驱动装置。

③RH400自1997年第一台交付使用，共有6台投入使用：其中前4台均在加拿大Syncrude矿区服役（编号依次为11-35、11-36、11-37和11-38）；第5台在美国煤矿工作，也是第一台电机驱动的挖掘机；第6台属于北美建设集团，在加拿大Albian油砂矿服役。

（2）全路面起重机（如图5-44）。

图5-44　全路面起重机

特雷克斯全地形起重机可以适应几乎所有气候条件下的广泛吊装需求，能够快速移动到任何工地，无论是道路还是越野。结构紧凑，操作性优秀，并以单人操作为设计理念。即使在狭小的工地中，特雷克斯全地形起重机也可以快速挂索。人体工学的驾驶座舱为操作员带来舒适的体验。

任务5.10　认识瑞典山特维克品牌与文化

1. 企业简介

Goran Fredrik Goransson先生于1862年在瑞典山特维肯镇创立，经过150余年的发展，在制造业方面已经发展成为全球的领导者。凭借先进的产品和高增值的服务，今日的山特维克集团成功扩展了其业务范围。集团机构遍及130个国家，全球员工人数达50000人。该集团的发展如此成功要归功于其先进而广泛的研发工作，每年投入超过30亿元人民币的资金用来做研发工作，拥有一个高效而鲜明的发展战略并且在其从事的行业领域中都占据领先地位。

山特维克的业务包括汽车、航空工业、采矿建筑行业、化工、石油和燃气、动力、纸浆纸张、居家用品、电子、医学技术以及医疗行业的很多领域。山特维克矿山和岩石技术是山特维克集团旗下的一块业务领域，是世界领先的设备、工具、服务及技术解决方案的供应商。企业的矿山产品和服务为露天和地下矿山客户提供支持，工程技术涵盖采石、隧道挖掘、拆除和回收以及其他土木工程的应用。

2. 获得荣誉

（1）2012年山特维克（中国）投资有限公司被评为"中国装备制造业企业社会责任履行者典范"；

（2）2013年9月，山特维克（中国）荣膺"2013中国装备制造业企业社会责任履行者典范"企业称号；

（3）2016年，山特维克（中国）连续第6年当选"中国100典范雇主"，并被授予"2016企业培训典范"单项奖；

（4）英国KHL集团推出的2018年全球工程机械制造商50强排行榜（Table2018），山特维克矿山与岩石技术以4292百万美元的销售额居第12位。

3. 山特维克logo SANDVIK

由Goran Fredrik Goransson先生于1862年创立，集团总部坐落在瑞典的山特维肯市，因总部所在地而得名，经过150余年的发展，坚持传承而不固守的发展理念，以技术为核心，时刻准备好随形势而变化。1985年，山特维克进入中国，产品广泛用于汽车、工程、能源、建筑、机械工具等领域。现SANDVIK已成为世界著名的工程机械制造品牌之一。

4. 企业文化

优势，不固守——"大国工匠·筑梦东方"之山特维克篇。

传承而不固守，永远准备好随变化而变化。近几年中国工程机械行业在调整、转型，这家以瑞典为总部的跨国企业也以极强的适应性，将业务推进到新阶段。

山特维克不仅提供最高效的解决方案，还提供优质的后市场服务。

5. 发展理念

实施集团的"去中心化"战略，这是为了更贴近客户，更好地为客户服务；通过矿山事业部与工程机械事业部合二为一，组建成立矿山与岩石技术事业部，企业实现了更加精益和高效的组织结构；调整自身去适应市场的需求，展现出了百年老店的强大技术力量、团队的专业素养与团结协作精神、对于市场的精准分析与正确定位；针对采矿与建筑领域客户所开发的产品拥有通用的技术和相近的后市场供应，让制造工厂和（供应链）前端资源充分共享。

6. 主要产品与特点

（1）山特维克DU412i潜孔钻机（如图5-45）。

图5-45 DU412i潜孔钻机

扩展了山特维克矿山和岩石技术先进钻凿解决方案的产品范围，使其可应用于ITH深孔凿岩。紧随山特维克DD422i和山特维克DT922i的脚步，山特维克新一代钻机系列的第三个产品应运而生。

①使用ITH技术。极大地扩展了山特维克深孔凿岩系统产品组合。虽然顶锤钻机能够以较快的初始穿透速率和较低的能耗打出小孔，但ITH技术具有更高的精度，特别适应于断裂岩石的凿岩作业。它可以钻出100多米深的孔，并且提供更大规模的钻孔模式，即每

钻1 m能够承受更多吨位的重量。顶锤钻机的最佳孔径范围在51～127 mm之间，ITH应用的起始范围为100 mm 并且可以延长至203 mm 甚至更长，扩孔可高达445 mm，V30孔可达762 mm。

②具有通用性。山特维克DU412i的一般性应用包括扇形钻孔、拉底式钻凿、切割槽、排水和检修孔、预处理孔、控制品味反向循环和用于勘探的预剥离。DU412i的组件在其他400i系列设备上具有通用性，因此在使用上非常灵活，而这正是该设备的关键特性。

（2）山特维克DR461i（图5-46）。

图5-46　山特维克DR461i

山特维克DR461i属于露天采矿设备，用于大型开采的履带式爆孔钻机，同时也是自动柴油动力钻机。它既是牙轮钻机，也是DTH潜孔钻机，具有极高的安全性和自动化程度。

①山特维克DR461i适用于露天矿的开采，适合于气候恶劣的偏远地区，并在酷热及严寒的气候下连续24 h不间断地挖掘开采。山特维克DR46li是山特维克DR460钻机的升级版，产地在美国佛罗里达州的阿拉楚阿。

②山特维克DR461i的钻孔直径为229～270 cm。它坚固耐用，非常适用于硬岩开采。可选配置包括单通道钻孔装置，可钻凿深度达18 m的单通道深孔。此外，钻机还能选配最大钻孔深度达75 m的多通道钻孔装置。即使在硬岩条件下，标准液压电机和链带推进装置也能在高速运转的情况下，提供高达356 kN的下降力和400 kN的上升力。山特维克DR461i还采用新山特维克S46HD重型爆破孔底盘，而非传统的挖掘机式底盘，这款新底盘是专为在矿洞中行驶的钻探设备设计的。

③山特维克DR46li装配了公司的专利产品——压缩机管理系统（CMS），该专利系统不但可以提供充足的空气，还能避免产生大量热能。此系统是一项技术创新，能将能源利用效率提升30%，并通过减少磨损延长设备的使用寿命。

④新型山特维克DR46li的竞争力优势体现在符合人体工程学的驾驶室，钻凿操纵装置

和行驶操控装置都在合理的位置，最大限度实现了全天持续作业的舒适性和高效性。操作员一般情况下每12 h轮一次班，因此尽可能地提高操作的舒适度和便利性，有助于提高生产效率。操作员将坐在"落物保护结构"的驾驶室中。驾驶室内装有空调，且具有良好的密封性和隔音性，噪声可保持在80 dB以下。驾驶室还装有倾角为5度的防晒玻璃以抵御高温，此外，还在车顶加装了隔热保护层。

思考题

1. 通过对本项目的学习，请您谈谈国外与国内工程机械企业的区别是什么。
2. 通过对本项目的学习，您认为美国卡特彼勒公司的成功之处是什么？
3. 通过对本教材的学习，您能画出10个以上国内或者国外工程机械品牌logo吗？

世界著名工程机械品牌logo

世界著名的工程机械设备

参考文献

［1］赵文珅.工程机械文化［M］.昆明：云南人民出版社，2010.

［2］王健，祁贵珍.工程机械文化［M］.北京：人民交通出版社，2013.

［3］杜海若.工程机械概论［M］.成都：西南交通大学出版社，2006.

［4］屠卫星.汽车文化［M］.北京：人民交通出版社，2005.